高效种植致富直通车

U0279608

图说

桃病虫害
诊断与防治

主　编　孙瑞红　李　萍
副主编　宫庆涛　孙　岩　范　昆
参　编　植玉蓉　翟　浩　武海斌
　　　　蒋丽芬　窦立志　曲　蕾

机械工业出版社

本书是由多年从事桃树病虫害防治技术研究与推广的人员编写的一本图文并茂的科普书籍。书中介绍了桃树主要病害和主要虫害的症状、形态特征、发生特点和综合防治技术，还简要介绍了与病虫害防治相关的桃树物候期、果园常见天敌、常用无公害新农药等。本书的特点是每种病虫害和防治技术都配有多幅彩色图片，便于识别和区分，语言通俗易懂，防治技术先进，并配有"提示""注意"等小栏目，实用性强。

　　本书可供广大果农及基层农业技术人员使用，也可供农林院校相关专业的师生学习和参考。

图书在版编目（CIP）数据

图说桃病虫害诊断与防治/孙瑞红，李萍主编. —北京：机械工业出版社，2017.4（2024.4重印）
（高效种植致富直通车）
ISBN 978-7-111-56047-0

Ⅰ.①图… Ⅱ.①孙… ②李… Ⅲ.①桃-病虫害防治-图解　Ⅳ.①S436.621-64

中国版本图书馆 CIP 数据核字（2017）第 027805 号

机械工业出版社（北京市百万庄大街 22 号　邮政编码 100037）
总 策 划：李俊玲　张敬柱
策划编辑：高　伟　郎　峰　责任编辑：高　伟　郎　峰　孟晓琳
责任校对：黄兴伟　　　　　　　　责任印制：刘　媛
涿州市殷润文化传播有限公司印刷
2024 年 4 月第 1 版第 5 次印刷
140mm×203mm·4.5 印张·107 千字
标准书号：ISBN 978-7-111-56047-0
定价：25.00 元

高效种植致富直通车
编审委员会

序

　　园艺产业包括蔬菜、果树、花卉和茶等，经多年发展，园艺产业已经成为我国很多地区的农业支柱产业，形成了具有地方特色的果蔬优势产区，园艺种植的发展为农民增收致富和"三农"问题的解决做出了重要贡献。园艺产业基本属于高投入、高产出、技术含量相对较高的产业，农民在实际生产中经常在新品种引进和选择、设施建设、栽培和管理、病虫害防治及产品市场发展趋势预测等诸多方面存在困惑。要实现园艺生产的高产高效，并尽可能地减少农药、化肥施用量以保障产品食用安全和生产环境的健康离不开科技的支撑。

　　根据目前农村果蔬产业的生产现状和实际需求，机械工业出版社坚持高起点、高质量、高标准的原则，组织全国20多家农业科研院所中理论和实践经验丰富的教师、科研人员及一线技术人员编写了"高效种植致富直通车"丛书。该丛书以蔬菜、果树的高效种植为基本点，全面介绍了主要果蔬的高效栽培技术、棚室果蔬高效栽培技术和病虫害诊断与防治技术、果树整形修剪技术、农村经济作物栽培技术等，基本涵盖了主要的果蔬作物类型，内容全面，突出实用性，可操作性、指导性强。

　　整套图书力避大段晦涩文字的说教，编写形式新颖，采取图、表、文结合的方式，穿插重点、难点、窍门或提示等小栏目。此外，为提高技术的可借鉴性，书中配有果蔬优势产区种植能手的实例介绍，以便于种植者之间的交流和学习。

　　本丛书针对性强，适合农村种植业者、农业技术人员和院校相关专业师生阅读参考。希望本丛书能为农村果蔬产业科技进步和产业发展做出贡献，同时也恳请读者对书中的不当和错误之处提出宝贵意见，以便补正。

中国农业大学农学与生物技术学院

前　言

　　桃树是原产于我国的温带水果，栽培历史已有几千年，是我国最古老的果树之一。由于桃果产量高、风味好、富有营养，历来备受人们的重视与喜爱，选育出很多优良品种。近年来，由于桃树管理方便、桃果价格合理，刺激了桃产业迅速发展，栽培面积和产量逐年递升。

　　由于桃树属多年生植物，生态环境相对稳定，有利于多种生物的栖居和繁衍。在诸多生物中，那些寄生于桃树上影响其生长发育、开花结果、果实产量和品质的微生物与昆虫被称为桃病虫害。据调查，危害桃树的病虫有几百种，但主要发生危害的仅有几十种。为了保证桃树正常生长和结果，提高果实产量和品质，人们不得不控制这些主要病虫害。识别病虫害，掌握其发生特点和影响因素，采取有效措施，方能做到科学控制病虫害。

　　本书以服务广大桃树种植专业户和基层技术人员为出发点，在编写内容上力求根据生产实际需要，采用通俗易懂的语言进行叙述，便于读者掌握和实施。书中对目前我国桃树上发生的主要病害和主要虫害的症状、形态特征、发生特点、综合防治技术进行了详述，对果园主要天敌和常用无公害新药剂进行了简述，配上多幅彩色图片，便于读者识别和判断；对需要特别注意的地方，在文中进行了专门提示。

　　由于我国桃树种植区域广阔，气候条件和地理环境差异很大，书中描述的病虫害发生代数和时间只是一个大致规律，不能和各地一一对应，请读者谅解。另外，由于目前有关桃树登记的农药品种很少，本书只好参照苹果、梨、柑橘等果树登记的农药品种，结合生产上的使用情况推荐了一些低毒、低残留农药。书中所推荐的防治药剂和浓度仅供读者参考，不可照搬。因为药剂的防治效果受温度、湿度、降雨、光照、病虫害状态、药剂含量和剂型等多因素影响，而且不同桃树品种对药剂的敏感度有异，所以建议读者在使用农药前仔细阅读生产厂家提供的产品说明书，结合桃树实际情况合理使用农药。

本书在编写过程中参考和引用了许多国内外相关书籍和文献中的内容，在此对撰写这些书籍和文献的作者表示诚挚的感谢。

由于编者水平有限，书中可能有错误和疏漏之处，敬请广大读者和同行专家批评指正。

编　者

目　录

序

前言

129 附录

132 参考文献

第一章
桃树病虫害基本知识

►►► 一、桃树的物候期 ◄◄◄

桃树的生长、发育变化会对节候产生反应，产生这种反应的时候叫桃树的物候期。根据桃树不同时期变化，划分如下。

（1）休眠期 桃树植株在生长发育的过程中，生长和代谢出现暂时停顿的时期，目的是使桃树度过严寒的冬季。时间为落叶后至萌芽前（图1-1、图1-2）。

图1-1 休眠期桃树枝条顶端　　**图1-2 休眠期桃树花芽**

（2）生长期 从桃树萌芽开始到落叶终止的时期。

（3）花芽膨大期 春季花芽开始膨大，鳞片开始松苞的时期（图1-3）。此时，叶芽也进入萌芽期（图1-3中两个花芽中间的芽为叶芽）。

图1-3 桃树花芽膨大期（萌芽期）

（4）花芽露萼期　花萼由鳞片顶端露出（图1-4）的时期。此时叶芽开绽露绿。

（5）花芽露瓣（红）期　花瓣由花萼中露出的时期。此时，一般可以看到红色的花瓣（图1-5、图1-6）。此时叶芽进入生长展叶期。

图1-4　桃树花芽露萼期

图1-5　桃树花芽露红期

（6）初花期　全树有5%的花开放的时期（图1-7）。

图1-6　桃树花芽露红期

图1-7　桃树初花期

（7）盛花期　全树有25%的花开放为盛花始期（图1-8）；50%的花开放为盛花期（图1-9）；75%的花开放为盛花末期（图1-10）。

图1-8 桃树盛花始期 　　　图1-9 桃树盛花期

（8）谢花期　全树有5％的花瓣正常脱落为谢花始期（图1-11）；50％左右的花瓣脱落为谢花盛期（图1-12）；95％以上的花瓣正常脱落为谢花末期（图1-13）。

图1-10 桃树盛花末期

（9）生理落果期　落花后，已经开始发育的幼果中途萎蔫变黄脱落的时期（图1-14）。

图1-11 桃树谢花始期 　　　图1-12 桃树谢花盛期（展叶期）

图1-13　桃树谢花末期（新梢开始生长期）

图1-14　桃树生理落果期

（10）果实硬核期　果实内的桃核变硬的时期称为硬核期。此期桃核渐渐变褐变硬，果实膨大变得缓慢，果核木质化（图1-15）。

（11）果实发育期　桃树谢花后至果实成熟期前的时期称为果实发育期。其中包含幼果期（图1-16）、硬核期和果实迅速膨大期。

图 1-15　桃树果实硬核期

图 1-16　桃树果实幼果期

（12）果实成熟期　全树大部分果实成熟的时期（图 1-17）。

图 1-17　桃树果实成熟期

（13）萌芽期 叶芽开始膨大，鳞片松动露白的时期（图1-3）。

（14）叶芽开展期 露出幼叶，鳞片开始脱落的时期（图1-18）。

图1-18 桃树叶芽开展期

（15）展叶期 全树萌发的叶芽中，有25%的芽第1片叶展开的时期（图1-12）。

（16）新梢开始生长期 新梢叶片分离，出现第1个长节的时期（图1-13）。

（17）新梢生长终期（停长期） 最后一批新梢形成顶芽，没有未开展叶片的时期（图1-19）。

图1-19 桃树新梢生长终期（停长期）

（18）落叶期　秋末全树有 5% 的叶片正常脱落为落叶始期，95% 以上的叶片正常脱落为落叶终期。

▶▶ 二、桃树病害分类 ◀◀

1. 真菌性病害 ▶▶▶▶

由致病真菌引起的病害叫真菌性病害，约占桃树病害的80%。真菌病害种类繁多，发病症状各异，但所有病斑在潮湿条件下都能生长菌丝和孢子，如产生白粉层、黑粉层、霜霉层、锈孢子堆、菌核等。桃树腐烂病、炭疽病、褐腐病、白粉病、软腐病、菌核病、缩叶病等均属于真菌性病害。

真菌是具有细胞核和细胞壁的异养生物，除少数低等类型为单细胞外，大多数是由纤细管状菌丝构成的菌丝体，菌丝体从植物的活体及断枝、落叶中吸收和分解有机物，作为自己的营养进行繁殖和生长，导致植物发病。

真菌性病害比较容易防治，因为绝大多数杀菌剂都能杀真菌，我们常用的杀菌剂多数都能防治该类病害。但是，不同杀菌剂对不同真菌性病害的防治效果有差异。

2. 细菌性病害 ▶▶▶▶

由致病细菌引起的病害称为细菌性病害，是植物病害中比较少见的一种。细菌是一类短杆状、结构简单的单细胞生物，通过植物的气孔、伤口等处侵入，发病后的植株一般表现为坏死、腐烂、萎蔫、肿胀、畸形。病斑呈多角斑或圆形，病斑周围有黄色的晕环，病斑表面光滑，如桃细菌性穿孔病、根癌病等。

目前，能杀细菌的药剂很少，一般用石硫合剂、铜制剂、抗生素类（农用链霉素、中生菌素）防治细菌性病害。

3. 病毒性病害 >>>>

由植物病毒引起的病害称为病毒性病害，发生种类和程度仅次于真菌性病害。一般病毒不能穿透植物健康的细胞壁，需要借助昆虫刺吸或植物伤口才能侵入细胞内。病毒性病害绝大多数表现为黄化、萎缩、小叶、小果、矮化、丛枝、蕨叶类畸形等症状，如桃树花叶病。

绝大多数植物病毒是由核酸构成的核心与蛋白质构成的外壳组成的微小生物，人类的肉眼看不见，需要借助高倍电子显微镜方能看见其形态。

果树病毒病更难防治，防治药剂更少。主要通过栽植无病毒苗木、增强树势、防治传播病毒的昆虫（蚜虫、叶蝉、木虱）来防治病毒病。

4. 生理性病害 >>>>

生理性病害是一种由于栽培管理措施不当而给植物造成影响的病害。如缺氮引起的植物叶色浅绿，底部叶片逐渐黄枯；缺钾引起的老叶褐绿，沿叶缘有许多褐色小斑；缺铁引起的黄叶；缺锌引起的小叶病等。

生理性病害可通过合理施肥、修剪、补充缺少的营养元素进行防治。

三、桃树虫害分类

1. 刺吸式害虫 >>>>

刺吸式害虫是指那些拥有细长针状刺吸式口器的害虫，如蚜虫、蚧壳虫、叶蝉、蟒、红蜘蛛等。这类害虫通过刺吸来取食植物汁液和传播植物病毒，取食后植物表面无显著破损现象，但在受害部位常出现各种颜色的斑点或畸形，引起叶片皱缩、卷曲、破烂等。我们常见的蚊子、黑蚱蝉口器就是刺吸式口器（图1-20）。

图 1-20　黑蚱蝉若虫的刺吸式口器

2. 咀嚼式害虫 >>>>

咀嚼式害虫是指拥有咀嚼式口器的一类害虫，和人的口器有些类似，具有上下唇和坚硬的上下颚。这类害虫都取食固体食物，危害植物的根、茎、叶、花、果实和种子，造成缺刻、孔洞、折断，钻蛀茎秆、切断根部等。如桃树上的毛虫类（图1-21）、卷叶蛾类、刺蛾类、食心虫类的幼虫，金龟甲类、天牛类的成虫和幼虫。

图1-21 毛虫的咀嚼式口器

四、桃树病虫害的防治方法

1. 植物检疫 >>>>

　　植物检疫就是国家以法律手段，制定出一整套的法令规定，由专门机构（检疫局、检疫站、海关等）执行，对应该接受检疫的植物和植物产品进行严格检查，控制有害生物传入或带出，以及在国内传播，是用来防止有害生物传播蔓延的一项根本性措施，又称为"法规防治"。作为果树种植者来说，不要从检疫性病虫发生区（疫区）购买和调运苗木、接穗和果品，以防将这些危险性病虫带入，导致其在新的种植区（非疫区）发生危害，给果树生产带来新的困难，同时也影响果品和苗木向外销售。国家各检疫部门和有关检疫的网站上都有检疫性病虫名录和疫区分布，需要时可上网查询，或到附近的检疫机构（农业局和林业局的检疫站）询问。

2. 农业防治 >>>>

　　农业防治是在有利于农业生产的前提下，通过改变栽培制度、选用抗（耐）病虫品种、加强栽培管理及改造生长环境等来抑制或减轻病虫的发生。在果树上常结合栽培管理，通过轮作、清洁果园、施肥、翻土、修剪、疏花疏果等措施来消灭病虫害，或根据病虫发生特点进行人工捕杀、摘除病虫叶果来消灭病虫。在桃树生产中，农业防治方法利用很多，几乎每种病虫的防治都能用到，如选择栽植抗病品种，冬季清理落叶落果，剪除病虫枝（图1-22），刮除老翘皮后枝干涂白（图1-23）；生长季节地面覆盖毛毡（图1-24）、黑色地膜和地布防治杂草和土壤害虫出土；人工捕杀天牛、茶翅蝽、金龟子、舟形毛虫等；合理施肥和灌水，以增强树体抵抗病虫和不良环境的能力；合理修剪，改善通风透光性，降低树冠相对湿度，抑制病虫害发生。

图1-22　剪除病虫枝　　　　　　图1-23　冬季枝干涂白

孙广清　摄

图1-24　地面覆盖毛毡

农业防治可以把病虫消灭在为害之前。同时结合果树栽培技术，不用增加防治病虫的劳力和成本。而且，农业防治不伤害天敌，不污染环境，符合安全优质果品生产要求。但是，农业防治不能对一些病虫完全彻底控制，还需要配合其他防治措施。

3. 物理防治 >>>>

物理防治是指利用简单工具和各种物理因素，如器械、装置、光、热、电、温度、湿度和放射能、声波、颜色、味道等防治病虫害。在桃园常用的方法有：果实套袋（图1-25），架设防虫网、防鸟网，黑光灯诱杀，粘虫色板诱杀（图1-26），树干上涂抹粘虫胶以阻隔草履蚧和山楂叶螨上树。利用声音干扰昆虫和驱赶鸟，如驱鸟炮等。利用高热处理土壤灭杀生活其中的害虫、病菌、线虫、杂草等。

13

图1-25　桃果实套袋　　　　　图1-26　粘虫色板诱杀

4. 生物防治 >>>>

生物防治是指利用自然天敌生物防治病虫，如以虫治虫、以菌治虫、以鸟治虫、以螨治螨等。或者利用昆虫激素或性诱剂诱杀雄成虫，干扰害虫交配繁育后代。目前，由于人工繁殖天敌数量有限，生物防治应以保护自然天敌为主，同时释放补充天敌来控制病虫。桃园常见天敌昆虫有异色瓢虫、黑缘红瓢虫（图1-27）、红点唇瓢虫、草蛉（图1-28）、食蚜蝇（图1-29）、螳螂（图1-30）、蚜茧蜂、塔六点蓟马、捕食螨等。

图1-27　黑缘红瓢虫成虫　　　　图1-28　草蛉成虫

图 1-29 食蚜蝇成虫　　　　图 1-30 螳螂若虫

5. 化学防治 >>>>

化学防治又叫药剂防治，是指利用化学药剂的毒性来防治病虫害。目前，化学防治仍是控制果树病虫的常用方法，也是综合防治中一项重要措施，它具有快速、高效、方便、限制因素小、便于大面积使用等优点。但是，如果化学农药使用不当，便会引起人畜中毒、污染环境、杀伤有益生物、造成农药残留和药害等；长期单一使用某种化学药剂，还会导致目标病虫产生抗药性，增加防治难度。所以，在防治桃树病虫时，应选用高效、低毒、安全的化学农药适时适量使用，并及时轮换、交替或合理混合使用。

农药的使用必须遵循：①根据不同防治对象，选择国家已经登记和标有三证号码（农药登记证、生产许可证、产品标准证）的农药品种。②根据防治对象的发生情况，确定施药时间。③正确掌握用药量和药液浓度，掌握药剂的配制稀释方法。④根据农药特性和病虫发生习性，选用性能良好的喷雾器械和适当的施药方法，做到用药均匀周到。⑤轮换或交替使用作用机理不同的农药，避免病虫产生抗药性。⑥防止盲目混用、滥用化学农药，避免人畜中毒、造成药害、降低药效等。严禁在果树上使用国家禁用的福美胂、杀扑磷、甲胺磷、1605、三氯杀螨醇、甲拌磷、克百威、百草枯等剧毒和高毒农药；严禁在开花期用药伤害传粉昆虫，如阿维菌素、吡虫啉、噻虫嗪、拟除虫菊酯类、有机磷类杀虫剂等，否则对蜜蜂伤害很大；严禁在安全间隔期和采收期用药而影响果品质量安全。

五、桃园常用农药品种

1. 石硫合剂 >>>>

石硫合剂的主要成分是多硫化钙，具有渗透和侵蚀病菌及害虫表皮蜡质层的能力，喷洒后在植物体表形成一层药膜，保护植物免受病菌侵害，适合在植株发病前或发病初期喷施。防治谱广，不仅能防治多种果树的白粉病、黑星病、炭疽病、腐烂病、流胶病、锈病、黑斑病，而且对果树红蜘蛛、锈壁虱、蚧壳虫等病虫防治也有效。

2. 阿维菌素 >>>>

阿维菌素的商品名有齐螨素、海正灭虫灵、爱福丁、虫螨杀星、虫螨克星，是一种中等毒性的杀虫、杀螨剂，具有触杀和胃毒作用，无内吸作用，但在叶片上有很强的渗透性，可杀死叶片表皮下的害虫。不杀卵，对害虫的幼虫、害螨的成螨和幼若螨高效。可用于防治桃树害螨、潜叶蛾、食心虫等。

⚠️ **注意** 该药剂对蜜蜂、捕食性和寄生性天敌有一定的直接杀伤作用，不要在果树开花期施用。对鱼类高毒，应避免污染湖泊、池塘、河流等水源。果实采收前 20 天停止使用。

3. 吡虫啉 >>>>

吡虫啉的商品名有高巧、艾美乐、一遍净、蚜虱净等，是一种内吸广谱型杀虫剂，在植物上内吸性强，对刺吸式口器的蚜虫、叶蝉、蚧壳虫、螨类有较好的防治效果。对蜜蜂有害，禁止在花期使用，采收前 15～20 天停止使用。

4. 啶虫脒 >>>>

啶虫脒的商品名有莫比朗、聚歼、蚜终、追蚜、蚜泰、比虫清等，具有触杀和胃毒作用，在植物表面渗透性强。高效、低毒、持效期长，可防治桃树各种蚜虫、蝽象、蚧壳虫、叶蝉。

在桃蚜、桃瘤蚜、粉蚜发生初盛期，用3%啶虫脒乳油 1500～2000 倍液均匀喷雾，可兼治叶蝉、蝽象和蚧壳虫。

5. 灭幼脲 >>>>

灭幼脲具有胃毒、触杀作用，无内吸性，杀虫效果比较缓慢，能抑制害虫体壁组织内几丁质的合成，使幼虫不能正常脱皮和发育变态，造成虫体畸形而死。该药剂主要用于防治鳞翅目害虫。

⚠ **注意**　该药剂对蚕、鱼、虾有毒，不可在桑园和养蚕场所使用，使用时不要污染水源。

6. 氟虫脲 >>>>

氟虫脲又名卡死克，是一种杀虫、杀螨剂。该药主要抑制昆虫表皮几丁质的合成，使昆虫不能正常脱皮或变态而死；主要杀幼虫和幼若螨，不杀成螨，但成螨受药后产下的卵不能孵化，可有效防治果树上的多种鳞翅目害虫和害螨。应在其卵期和低龄幼虫期喷药，注意事项同灭幼脲。

7. 氯虫苯甲酰胺 >>>>

氯虫苯甲酰胺的商品名有康宽、奥得腾。该杀虫剂是一种微毒高效的新杀虫剂，对害虫以胃毒作用为主，兼具触杀作用，对鳞翅目初孵幼虫有特效。杀虫谱广，持效期长。对有益昆虫、鱼虾也比较安全。

防治桃潜叶蛾、卷叶蛾、食心虫、毛虫、刺蛾等鳞翅目害虫。在成虫发生盛期后 1~2 天，用 35% 氯虫苯甲酰胺水分散粒剂 8000~10000 倍液均匀喷洒枝叶和果实。

8. 高效氟氯氰菊酯·氯虫苯甲酰胺 >>>>

15% 氯虫苯甲酰胺·高效氯氟氰菊酯微囊悬浮剂是由氯虫苯甲酰胺和高效氟氯氰菊酯按一定比例混配而成的，扩大了杀虫谱，提高了速效性和防治效果，并能延缓害虫产生抗药性，可有效防治桃树上的食心虫、卷叶蛾、桃蚜螟、毛虫类等。

9. 螺虫乙酯 >>>>

螺虫乙酯的商品名称为亩旺特，是一种新型杀虫、杀螨剂，具有双向内吸传导性，可以在整个植物体内向上向下移动，抵达叶面和树皮。高效广谱，持效期长，有效防治期长达 8 周。可有效防治各种刺吸式口器害虫，如蚜虫、叶蝉、蚧壳虫、绿盲蝽等，对瓢虫、食蚜蝇和寄生蜂比较安全。

10. 氟啶虫胺腈 >>>>

氟啶虫胺腈的商品名有可立施、特福力，是一种新型内吸性杀虫剂，可经叶、茎、根吸收而进入植物体内，具有触杀、胃毒作用，广谱、高效、低毒，持效期长，可用于防治绿盲蝽、蚜虫、蚧壳虫、叶蝉等所有刺吸式口器害虫。

⚠️ **注意**　该药剂直接喷施到蜜蜂身上对蜜蜂有毒，在蜜源植物和蜂群活动频繁区域，喷洒该药剂后需等作物表面药液彻底干透，才可以放蜂。

11. 功夫菊酯 >>>>

功夫菊酯又名功夫，为拟除虫菊酯类杀虫剂，具有触杀、胃毒作用，击倒速度快，杀卵活性高。杀虫谱广，可用于防治桃树上的梨小食心虫、卷叶蛾、刺蛾、毛虫类、茶翅蝽、绿盲蝽、蚜虫、蚧壳虫等大多数害虫。对人、畜毒性中等，对果树比较安全。

19

⚠ **注意** 本药剂对蜜蜂有毒，对家蚕、鱼类高毒，禁止在果树花期使用，使用时不可污染水域及饲养蜂、养蚕场地。害虫易对该药剂产生抗药性，不宜连续多次使用，应与螺虫乙酯、吡虫啉、氯虫苯甲酰胺交替使用。

12. 高效氯氰菊酯 >>>>

高效氯氰菊酯的商品名有高灭灵、歼灭、高效灭百可、高效安绿宝、奋斗呐等，具有触杀、胃毒作用和高杀卵活性，杀虫谱广，击倒速度快。防治对象和注意事项同功夫菊酯。

13. 哒螨灵 >>>>

哒螨灵的商品名有哒螨酮、速螨酮、哒螨净、速克螨、扫螨净、螨斯净等，为广谱、触杀性杀螨剂，对螨卵、幼螨、若螨和成螨都有很好的灭杀效果，速效性好、持效期长，可在害螨大发生期使用。可用于防治多种植物害螨，但对二斑叶螨防效很差。

对哺乳动物毒性中等，对鸟类低毒，对鱼、虾和蜜蜂毒性较高。禁止在果树花期使用。

14. 噻螨酮 >>>>

噻螨酮的商品名有尼索朗、尼螨朗、卵禁、维保朗，具有强烈的杀卵、杀幼若螨活性，对成螨无效，但接触到药液的雌成虫所产的卵不能孵化，杀螨速度迟缓。杀螨谱广，持效期长。

防治桃树上的山楂叶螨、二斑叶螨。于桃树谢花后 7 ~ 10

天，用5%噻螨酮乳油2000倍液均匀喷洒全树，特别是树冠内膛要喷透。

15. 三唑锡 >>>>

三唑锡的商品名有倍乐霸、三唑环锡、螨无踪等，具有强触杀作用，可杀灭幼若螨、成螨和夏卵，对冬卵无效。杀螨谱广、速效性好、残效期长，可有效防治多种果树害螨。

⚠️ **注意**　该药剂不能与波尔多液、石硫合剂等碱性农药混用，与波尔多液的间隔使用时间应超过10天。对鱼毒性高，使用时不要污染水源。

16. 螺螨酯 >>>>

螺螨酯的商品名有螨危、螨威多，具触杀作用，对幼、若螨效果好，直接杀死成螨效果差，但能抑制雌成螨繁育后代。持效期长，一般控制害螨40余天，但药效较迟缓，药后3~7天达到较高防效。杀螨谱广，多种害螨均有很好防效。适合在害螨发生初期使用。

⚠️ **注意**　该药对蜜蜂有毒，禁止果树花期使用。对水生生物有毒，严禁污染水源。

17. 联苯肼酯 >>>>

联苯肼酯的商品名为爱卡螨，是一种新型杀螨剂，对各螨态均有效。速效性好，害螨接触药剂后很快停止取食，48～72h 内死亡。防治桃树上的害螨，可在发生初盛期用 43% 联苯肼酯悬浮剂2000～3000 倍液均匀喷洒叶片正反面。

18. 中生菌素 >>>>

中生菌素又名克菌康，是一种保护性生物杀菌剂，具有触杀、渗透作用。可防治多种果树细菌性和真菌性病害，对桃树细菌性穿孔病和疮痂病有良好防效。在发病初期，用 3% 中生菌素可湿性粉剂 600～700 倍液均匀喷雾于枝叶和果实。

19. 多菌灵 >>>>

多菌灵是一种高效、广谱、内吸性杀菌剂，具有保护和治疗作用，可用于叶面喷雾、种子处理和土壤处理等。能有效防治桃褐腐病、炭疽病、疮痂病、穿孔病等多种病害。1 年最多使用 3 次，果实采收前 20 天停止使用。

20. 甲基硫菌灵 >>>>

甲基硫菌灵又名甲基托布津，是一种广谱内吸性杀菌剂，具有预防、治疗作用，能防治多种果树真菌性病害，如桃褐腐病、炭疽病、疮痂病、根腐病等。收获前 14 天停止使用。

21. 苯醚甲环唑 >>>>

苯醚甲环唑的商品名有噁醚唑、敌萎丹、世冠、世高、真高，为广谱内吸性杀菌剂，施药后能被植物迅速吸收，药效持久。可防治桃树白粉病、锈病。

22. 腈苯唑 >>>>

腈苯唑又叫唑菌腈、苯腈唑，商品名称应得，是一种广谱内吸性杀菌剂，能阻止病菌孢子侵入和抑制菌丝生长。在病菌潜伏期使用，能阻止病菌的发育；在发病后使用，能使下一代病菌孢子失去侵染能力，具有预防和治疗作用。可有效防治桃锈病和褐腐病。

23. 己唑醇 >>>>

该剂具有内吸、保护和治疗活性。杀菌谱广，可有效防治桃树白粉病、锈病、褐斑病、炭疽病等。注意在桃幼果期不要使用。

24. 嘧菌酯 >>>>

嘧菌酯的商品名有阿米西达、安灭达，是一种新型内吸性杀菌剂，能被植物吸收和传导，具有保护、治疗和铲除效果。高效、广谱，可有效防治桃褐腐病、炭疽病、叶斑病等。于发病前，用25%悬浮剂500~800倍液喷雾。采收前7天停止使用。

第二章
桃树病害诊断与防治

1. 桃穿孔病 >>>>

为害桃叶形成穿孔的病害主要有三种，即桃细菌性穿孔病 [*Xanthomonas pruni*（Smith）、*Dowson*]、褐斑穿孔病（*Cercospora circumscissa* Sacc.）和霉斑穿孔病 [*Clasterosporium carpophilum*（Lév.）Aderh.]。三种病害分布于全国各桃区，危害后均引起桃叶早落、枝梢枯死。同时，这三种穿孔病还能为害杏、李、樱桃等多种核果类果树叶片。三种穿孔病在桃叶片上的症状有相似之处，但细看却有很大区别。

【发病症状】

1）桃细菌性穿孔病。主要为害叶片，也侵害枝梢和果实。叶片发病时初产生半透明水渍状斑点，后发展成黄白色至白色圆形小斑点，直径 0.5～1mm。随后病斑逐渐扩展成浅褐色至紫褐色的圆形、多角形或不规则病斑，外缘有绿色晕圈，一般 2mm 左右。以后病斑干枯脱落，形成细小穿孔（图 2-1），穿孔严重时也会导致早期落叶。果实发病时，开始果面出现暗紫色水渍状近圆形病斑，中央略凹陷。潮湿天气，病部表面溢出黄白色菌脓，干燥时则病斑易呈星状开裂（图 2-2）。

图 2-1　桃细菌性穿孔病叶

枝条发病有春季溃疡和夏季溃疡两种类型。春季发病于上一年枝梢上，当第一批新叶开始出现时，病梢上即发生水渍状暗褐色小疱状病斑，有时病斑环枝一圈便导致枝梢枯死；夏季溃疡一般在夏末发病，病斑出现在当年生的绿色枝梢上，最初以皮孔和芽眼为中心形成水渍状暗紫色斑点，以后变为褐色至紫黑色圆形或椭圆形病斑，稍凹陷，边缘有桃胶溢出，病斑干后龟裂，有时几个病斑连在一起，造成枝条枯死。

2）褐斑穿孔病。病叶产生褐色、略带轮纹的圆斑，病斑边缘紫色，直径1～4mm。潮湿时病斑正反两面均长出灰褐色霉状物，后中部干枯脱落成孔，穿孔边缘整齐，孔多时叶片脱落（图2-3）。新梢、果实上均产生与叶相似的病斑及灰褐色霉状物。

图2-2 桃细菌性穿孔病果　　　　**图2-3** 桃褐斑穿孔病

3）霉斑穿孔病（图2-4）。病叶上出现浅黄绿色至褐色病斑，病斑边缘紫色，直径2～6mm，圆形或不规则形。潮湿时叶背面病斑有黑霉，后干枯脱落成孔。幼叶被害后大多焦枯，不形成穿孔。枝梢被害，以芽为中心形成长椭圆形斑，边缘紫褐色，并发生裂纹和流胶。花梗感病可使花未开即枯死。果面病斑呈紫褐色凹陷圆斑，边缘红色。

图2-4　桃霉斑穿孔病

〔发病特点〕

1）桃细菌性穿孔病。病菌在枝条溃疡病斑内或病芽内越冬。第二年春天气温上升，潜伏的细菌开始活动，形成新病斑，并溢出菌脓释放大量细菌，借风雨、雾及昆虫传播。经叶片的气孔、枝条的芽痕、果实的皮孔侵入。在降雨频繁、多雾和温暖阴湿的天气下发病严重，干旱少雨则发病轻。所以，每年的梅雨季节和台风季节是全年发病高峰期。树势弱、排水、通风不良的桃园发病重，过多施用氮肥也会加重该病害的发生。

2）霉斑、褐斑穿孔病。致病菌均以菌丝体或分生孢子在病叶、枝或芽内越冬。春季产生分生孢子，借风雨传播，传染嫩叶。病部再产生分生孢子再侵染新的叶片、新枝和果实。低温多雨利于发病。

〔防治方法〕

1）农业防治。休眠季节，结合冬剪彻底剪除病枝、枯枝，清扫落叶，集中销毁。消除越冬病菌来源。加强桃园综合管理，多施有机肥，增强树势，提高抗病能力。合理修剪，疏除过密枝叶，改善通风透光，降低果园湿度。

2）化学防治。

① 细菌性穿孔病。在花芽膨大前期喷石硫合剂或波尔多液，杀灭越冬病菌。发病初期喷3%中生菌素可湿性粉剂400～600倍液。每10～15天喷1次，连喷2～3次。

② 霉斑病和褐斑病。在落花后15～20天开始喷洒65%代森锌可湿性粉剂600～800倍液，每10～15天喷1次，连喷2～3次。

2. 桃缩叶病 >>>>

桃缩叶病［*Taphrina deformans*（Berk.）Tul.］是危害桃树的一种真菌性病害。在中国发生分布广泛，山东、河北、辽宁、河南、安徽、浙江、四川等桃种植区均可发生。

【发病症状】

主要为害桃叶片，引起落叶，嫩枝新梢停止生长，树势生长衰弱，甚至枝条枯死。嫩叶受害后刚展叶时就显现卷曲状（图2-5），颜色发红。随后病叶皱缩扭曲，肥厚质脆，呈浅黄色至红褐色，叶缘向后卷（图2-6）。后期在病叶表面长出一层灰白色粉状物，病叶最后变黑干枯脱落。

有时也为害花、幼果和新梢。枝梢受害后呈灰绿色或黄绿色，较正常枝条粗短，顶梢叶片丛生。花、果实受害后多半脱落，受害花瓣肥大变长，病果发育不均，有块状隆起斑，黄色至红褐色，果面常龟裂，提前脱落。

图2-5　桃缩叶病初期症状

图2-6　桃缩叶病后期症状

〔发病特点〕

　　该病菌主要以孢子在桃芽或鳞片缝隙间越冬。第二年春季桃树萌芽时，病菌孢子萌发，由表皮或气孔侵入嫩叶或新梢，然后在叶片组织内生长蔓延，刺激细胞分裂，促进细胞膨大和细胞壁加厚，致使叶片肥厚皱缩。该病只有初侵染，没有再侵染，所以初春侵染期传播到桃芽鳞片的孢子便潜伏在那里进行越夏和越冬。一般该病害在春季桃展叶后开始发生，4～5月继续发展，6月以后气温升高发病减缓。春季低温多湿有利于发病，如果连续降雨，气温在10～16℃时，发病尤为严重。但气温升高到21℃以上时，则发病减缓。一般湖畔及潮湿地区发病重，早熟桃品种发病较重。

〔防治方法〕

　　1）农业防治。发病期间，及时摘除病叶、梢，集中烧毁或深埋，以减少次年菌源。发病严重的树，由于大量落叶，树势衰弱，应及时施肥和灌水，促进恢复树势，增强抗病能力。

　　2）化学防治。重点在桃树萌芽前后喷药，萌芽前树上喷5波美度（°Bé）石硫合剂，或硫酸铜：生石灰：水为1：1：100的波尔多液（发芽后禁止使用）；萌芽后喷洒70%甲基托布津可湿性粉剂600～800倍液，这样连续喷药2～3年，就可彻底根除桃缩叶病。

3. 桃褐锈病 >>>>

桃褐锈病 [*Tranzschelia pruni- spinosae*（Pers.）Diet.] 又称桃锈病，主要分布在四川。此病发生于秋季，能引起早期落叶。以冬孢子在落叶上越冬，在闽南地区也能以夏孢子越冬。

【发病症状】

桃褐锈病主要为害叶片，尤其是老叶及成长叶。叶正反两面均可受侵染，先侵染叶背，后侵染叶面。叶面染病产生红黄色圆形或近圆形病斑，边缘不清晰（图2-7）；背面染病产生稍隆起的褐色圆形小疱疹状斑，即病菌夏孢子堆（图2-8）；夏孢子堆突出

图2-7　桃褐锈病（叶片正面）

图2-8　桃褐锈病（叶片背面）

于叶表，破裂后散出黄褐色粉状物，即夏孢子。后期，在夏孢子堆的中间形成黑褐色冬孢子堆。发病严重时，叶片常枯黄脱落。

〔发病特点〕

该病菌具转主寄生特性，其转主寄主为毛茛科的白头翁和唐松草，二者也可受侵染，叶正反面均产生病斑，正面着生性子器，背面产生锈孢子器，成熟后开裂为4瓣。主要以冬孢子在桃树落叶上越冬，也可以菌丝体在白头翁和唐松草的宿根或天葵的病叶上越冬，南方温暖地区则以夏孢子越冬。6~7月开始侵染，8~9月进入发病盛期，并造成大量落叶。

〔防治方法〕

1）农业防治。清除初侵染源。结合冬季清园，认真清除落叶，铲除园内及其周边转主寄主，集中深埋到施肥坑。桃树发芽前喷5波美度石硫合剂。

2）化学防治。发病初期及时喷药防治，15%三唑酮乳油1500~2000倍液、40%腈菌唑悬浮剂6000倍液、25%丙环唑乳油5000倍液任选一种。

提示　三唑类药剂氟硅唑、戊唑醇和烯唑醇对桃果实的大小有一定影响，但对果实可溶性固形物含量影响不大，建议施药避开幼果期，不可连续多次使用此类药剂。

4. 桃树叶枯病 >>>>

桃树叶枯病（*Rhizoctonia solani* Kühn）是张勇等人2004年在山东省桃树上发现的一种病害，发病症状与刘开启（1999）报道的苹果叶枯病症状相似，故定名为桃树叶枯病。该病害可导致桃树生长季节叶片腐烂，枝条枯死，削弱树势，降低桃产量和品质。

〔发病症状〕

田间发病往往集中于一个枝，叶片多从叶尖或叶缘开始水浸状变褐枯死，叶内发生的病斑多为圆形、褐色，以后迅速扩展到整片叶，导致干枯（图2-9）。病叶一般不立即脱落，可一直挂在枝上（图2-10）。病叶及枝条上有银灰色菌丝体，以后形成菌膜，最后可形成半球形或不规则形菌核，灰褐色至黑褐色。发病后期病枝病叶粘贴在一起，黄化焦枯，严重的可导致枝枯树死。

图2-9　桃树叶枯病早期症状

〔发病特点〕

桃树叶枯病菌主要在病残枝叶上以菌丝体或形成菌核越冬，第二年春季菌核萌发生成营养菌丝侵染叶片。山东中部地区的桃树4~5月开始发病，7~9月为发病盛期，一般通过病健叶片接触传染。高温多雨利于叶枯病发生，地势低洼、排水不良、果园

图 2-10　桃树叶枯病初期症状

密闭、通风透光不良、管理粗放等情况下发病重。

〔防治方法〕

1）农业防治。田间发现病枝、病叶及时清除，带出园外销毁。

2）化学防治。萌芽前树上喷洒 5 波美度石硫合剂，谢花后结合防治其他病害喷洒 50% 扑海因可湿性粉剂 1500 倍液或 80% 大生 M-45 可湿性粉剂 800 倍液。

5. 桃褐腐病 >>>>

桃褐腐病〔*Monilinia laxa*（Aderh. et Ruhl.）Honey〕又称灰腐病、果腐病。在桃的各产地均发生较重，是危害桃果的重要病害之一。桃褐腐病除了为害桃外，还为害杏、李及樱桃等。

〔发病症状〕

主要为害果实，从幼果期到成熟期均能发病，尤其接近成熟

33

期发病严重，也为害花、叶片和枝条。为害果实时，发病初期在果面产生褐色圆形小斑，斑部果肉腐烂很快，继而在病斑上出现质地紧密而隆起的黄白色或灰色绒球状霉丛（图2-11），起初呈同心环纹状排列，很快就布满全果，引起落果。有些腐烂后的果实，因失水干缩而成褐色，挂在枝上经久不落，最后变为黑褐色僵果。

花朵受害自雄蕊及花瓣尖端开始，先发生褐色水渍状斑点，后逐渐扩展至全花，变褐枯萎。天气潮湿时，病花迅速腐烂，表面丛生灰霉。若天气干燥，则病花变褐萎垂，干枯后残留枝上，长久不脱落。嫩叶受害，自叶缘开始，病部变褐萎垂，最后病叶残留枝上。

图2-11 桃褐腐病

枝条受害，多由染病的花梗、叶柄及果柄蔓延所致。在枝条上产生长圆形、灰褐色、边缘为紫褐色的溃疡斑，中间稍凹陷，初期病斑常有流胶，当溃疡斑扩展并环绕枝梢一周时，病斑以上枝条即枯死。天气潮湿时，溃疡表面也产生灰色霉层。

〔发病特点〕

桃褐腐病菌主要在树上、树下僵果及病枝条溃疡斑部越冬。第二年春天，气温上升后产生大量病菌孢子，借助风、雨、昆虫传播，从气孔、虫伤和机械伤口侵入。从开花到果实成熟都能侵染发病。若遇高温、高湿环境条件，受侵染的部位便出现症状，并产生大量分生孢子进行再侵染，使更多果实、枝梢受害。果实贮运过程中，高温多湿条件下也容易发病。凡桃果皮薄、果肉柔软多汁的品种较易感病。栽植过密、通风透光不良的果园也易发病。桃树开花期及幼果期如果遇低温多雨，果实成熟期园内温暖、潮湿发病严重。前期低温潮湿容易引起花腐，后期温暖多雨、多雾则易引起果腐。

〔防治方法〕

1）清洁果园。在休眠期和生长期，及时清除园中和枝条上的病果、僵果、病枝、病叶和病花，集中深埋或烧毁，以消灭病菌侵染来源。及时修剪过密枝条，改善果园通风透光性，雨季及时排水，降低果园湿度，创造不利于病害发生的环境条件。

2）果实套袋。在幼果期及时套袋阻隔病菌侵染，套袋前喷洒一次杀虫、杀菌剂，防治蛀果害虫和灭杀果面病菌，严防果面出现伤口，预防褐腐病菌侵染。待药液干后，立即进行套袋，当天喷的果树最好当天套完。

3）化学防治。发芽前喷 5 波美度石硫合剂。落花后 10 天左右，喷施 2~3 次杀菌剂，如 50% 甲基托布津可湿性粉剂 600~800 倍液、50% 腐霉利可湿性粉剂 1000 倍液、25% 嘧菌酯悬浮剂 800~1000 倍，每间隔半个月左右喷 1 次。

提示 应该根据药剂的安全间隔期，于采收前及时停止喷药，避免农药残留超标。

6. 桃疮痂病 >>>>

桃疮痂病（*Cladosporium carpophilum* Thüm.）又名黑星病，病原菌为嗜果枝孢菌，属半知菌亚门真菌。在我国各地普遍发生。除为害桃外，还能侵害李、梅、杏、樱桃等核果类果树。

〔发病症状〕

主要为害果实，也为害枝梢和叶片。发病多在果实肩部，初发期果面出现绿色水渍状小圆斑点，后渐变为暗绿色、直径为 2 ~ 3mm 的斑。果实成熟时病斑变成紫黑色（图 2-12、图 2-13）。本病症状与细菌性穿孔病很相似，但病斑带绿色，严重时一个果上可有数十个病斑。病菌的侵染只限于果皮，病部木

图 2-12　桃疮痂病果（油桃）

栓化，停止生长，随果实膨大，形成龟裂。幼梢发病，初生浅褐色椭圆形小点，起初暗绿色，后变浅褐色，常流胶，秋天变为褐色、紫褐色，严重时小病斑连成大片。叶片发病，叶背出现多角形或不规则的灰绿色病斑，以后两面均为暗绿色，渐变为褐色至紫红色（图2-14），最后病斑脱落形成穿孔，严重时可导致提前落叶。

图 2-13　桃疮痂病果（毛桃）

图 2-14 桃疮痂病叶

〔发病特点〕

疮痂病菌在一年生枝的病斑上越冬,第二年春产生病原孢子通过雨水、雾滴、露水传播侵染发病。从侵入到发病,病程较长,果实为 40 ~ 70 天,新梢、叶片为 25 ~ 45 天,一般仲夏之后发病。因此早熟品种发病轻,中晚熟品种发病较重。病菌发育最适温度为 20 ~ 27℃,多雨潮湿的天气或黏土地、树冠郁闭的果园容易发病。

桃树品种对疮痂病的敏感性有差异,油桃发病重于毛桃。

〔防治方法〕

1)农业防治。冬剪时彻底剪除病枝并烧毁,减少病菌来源。及时进行夏季修剪,改善果园通风透光条件。

2)果实套袋。方法同桃褐腐病。

3)化学防治。发病前至初期,用 60% 吡唑醚菌酯·代森联水分散粒剂 1000 倍液或 3% 中生菌素可湿性粉剂 600 倍液均匀喷雾。

37

7. 桃炭疽病 >>>>

桃炭疽病（*Gleosporium laeticolor* Berk.）为真菌性病害，病原菌属半知菌亚门真菌。分布于全国各桃产区，尤以江淮流域桃区发生较重。

〔发病症状〕

炭疽病主要为害果实，也可为害叶片和新梢。幼果期发病，初为浅褐色水渍状斑，后随果实膨大呈圆形或椭圆形红褐色斑，中心凹陷（图2-15、图2-16）。气候潮湿时，在病部长出橘红色小粒点。幼果染病后停止生长，最后病果软腐脱落或形成僵果残留于枝上。成熟期果实发病，初呈浅褐色水渍状病斑，逐渐扩展为红褐色凹陷斑，上有同心环状皱缩，几个病斑融合为不规则形大斑，病果脱落。新梢发病呈长椭圆形褐色凹陷病斑，病梢侧向弯曲，病梢上的叶片纵卷成筒状，严重时枝梢枯死。叶片染病产生浅褐色圆形或不规则形灰褐色病斑，边缘清晰，斑上产生橘红色至黑色粒点。

图 2-15 桃炭疽病果
初期症状（一）

图 2-16 桃炭疽病果
初期症状（二）

〔发病特点〕

桃炭疽病菌以菌丝体在病枝、病果上越冬。第二年早春当平均气温达 10~12℃，相对湿度达 80% 以上时形成分生孢子，借风雨、昆虫传播侵染果枝，形成第一次侵染，以后陆续侵染果实。果园湿度是影响发病的主要因素，阴雨连绵、天气闷热时容易发病，因此在连续阴雨或暴雨后，常有一次暴发。园地低洼、排水不良、枝叶过密、树势衰弱和偏施氮肥等均有利于发病。

〔防治方法〕

1）合理选址。切忌在低洼、排水不良的黏质土壤上栽种桃树。

2）农业防治。冬季修剪时，彻底剪除树上的枯枝、僵果，禁止堆放在桃园内和附近，应集中深埋或粉碎后填入沼气池内，以消灭越冬病原菌。在芽萌动至开花前后，及时剪除初次发病的枝条，防止病菌继续侵染果实。适时夏剪，疏除过密枝叶，增强树体通风透光。

3）果实套袋。同桃褐腐病。

4）化学防治。桃树发芽前喷 3~5 波美度石硫合剂，或硫酸铜∶生石灰∶水为 1∶1∶100 的波尔多液（展叶后禁止使用）。落花后可选用 25% 嘧菌酯悬浮剂或 70% 乙膦铝·锰锌可湿性粉剂 500~600 倍液，或 50% 多菌灵可湿性粉剂 600~800 倍液，或 70% 甲基硫菌灵可湿性粉剂 500~800 倍液。

8. 桃软腐病 >>>>

桃软腐病只为害成熟期的果实，所以在储运期发病较重。

〔发病症状〕

多以伤口为中心开始出现病斑，发病初期形成近圆形浅褐色腐烂病斑，略凹陷；病斑逐渐扩大，成为近圆形浅褐色软腐，明显凹陷，并从中央开始产生黑褐色霉层（图2-17）。病斑扩展速度快，果实很快出现大部分或全部软腐，最后形成黑褐色"霉球"。

图2-17 桃软腐病

〔发病特点〕

该病原菌在自然界广泛存在，借气流传播，主要从伤口侵染。果实近成熟后受伤是导致该病发生的主要因素。

〔防治方法〕

关键是防止果实出现各种伤口。在果实摘袋和夏季修剪中要仔细，禁止伤及果实。加强害虫防治，避免出现虫孔。

9. 桃树木腐病 >>>>

桃树木腐病［*Fomes fulvus*（Scops.）Gill.］又名心腐病，为害桃、李、杏、樱桃、苹果等多种果树，是老桃树上普遍发生的一种病害。

〔发病症状〕

　　主要为害桃树的木质心材部分，使心材腐朽。腐朽的心材白色疏松，质软而脆，触之易碎。在枝干外部长出一些平菇状的灰白色子实体（病菌的繁殖体），形状不整齐，马蹄形或圆头状（图2-18、图2-19）。菌盖木质坚硬，表面最初光滑，老熟后稍有裂纹（图2-20）。病树长势衰弱，叶片发黄，果实变小或不结果，发病枝干或树体遇大风易被折断。发病严重时可导致整株树死亡。

图2-18　桃树木腐病初期症状

图2-19　桃树木腐病中期症状

图2-20　桃树木腐病后期症状

〔发病特点〕

病菌以菌丝和子实体在受害树的枝干上越冬，子实体产生的担孢子随风雨飞散传播，自剪锯口、虫孔及其他伤口处侵入树体。幼树、壮树一般不发病，老弱树易发病。树势衰弱、果园郁闭、湿度大均有利于发病。

〔防治方法〕

1）农业防治。合理施肥，培育壮树，提高抗病能力。田间发现病死树及时刨除，远离桃园放置或烧毁。及时刮除病树上的子实体，涂抹波尔多液保护伤口，刮下的子实体带到园外集中深埋或烧毁。

2）化学防治。加强对蛀干害虫的防治，对锯口及时涂抹1%硫酸铜液后，再涂抹波尔多液或机油保护，以减少病菌侵染。

10. 桃树根癌病 >>>>

桃树根癌病〔*Agrobacterium tumefaciens*（Smith et Towns）Conn.〕又名根瘤病，是一种细菌性病害，为害桃、苹果、梨、葡萄、李、杏、樱桃、花红等多种果树根系。

〔发病症状〕

根癌病主要发生在桃树根颈部，也发生于侧根和支根，在根部形成癌瘤（图 2-21），癌瘤大小不一。初生长时呈乳白色或略带红色，光滑、柔软，后渐变成褐色至深褐色，表面粗糙或凹凸不平。癌瘤木质化后坚硬。苗木受害后植株矮小，瘦弱。成年果树发病后，树势衰弱，叶片和果实变小，严重者叶片黄化，树体早衰死亡。

图 2-21　桃树根癌病

〔发病特点〕

　　病原细菌在癌瘤组织中和附近的土壤内越冬，病菌可在土壤中的病残体内存活 1 年以上。病菌通过雨水、灌溉水、地下害虫（蛴螬、蝼蛄）、线虫、工具等传播，通过各种伤口侵入树体。远距离传播主要通过苗木。病菌在根系内繁殖，刺激细胞分裂形成癌瘤。癌瘤的形成与温度关系密切，适宜的温度为 22℃ 左右。碱性土壤比酸性土壤有利于发病，黏重、排水不良的土壤发病重。此外，耕作不慎或地下害虫为害，使根部受伤，也有利于病菌侵入，增加发病机会。

〔防治方法〕

　　1）农业防治。育苗圃不要重茬，苗木出圃前要仔细检查，发现病苗及时拣出，集中销毁。禁止在核果类果树地块重茬栽植桃树。发现病株及时挖除焚毁，对病树坑和周围土壤用硫酸铜彻底消毒处理，防止病害扩展蔓延。

　　2）生物防治。苗木栽植前，用生物抗根癌菌剂 1 号（K84）液体浸沾根部，预防病害发生。发现癌瘤后，用刀切除瘤部，于伤口处涂抹抗根癌菌剂 1 号液体。

3）化学防治。苗木栽植前，将嫁接口以下部位，用 1% 硫酸铜浸 5min，再放入 2% 石灰水中浸 1min。在定植后的果树上发现癌瘤时，先用快刀切除癌瘤，再用波尔多浆涂抹切口。

提示 根癌病发生在地下，一旦发生很难防治，最好在无病的土地上育苗和建园，栽植无病苗木。栽植前用 K84 菌剂沾根保护，预防该病发生。

11. 桃树白绢病 >>>>

白绢病又称菌核性根腐病或菌核性苗枯病，为害苗木和幼树的根颈部。病原菌为担子菌门白绢薄膜革菌，可为害桃、苹果、柑橘、核桃、大樱桃等多种果树。

【发病症状】

该病主要为害根系，发病初期根颈表面形成白色的菌丝体，表皮呈现水渍状褐色病斑。之后菌丝继续生长，根颈被丝绢状的白色菌丝层覆盖（图 2-22），故称白绢病。发病后期根颈部的皮层腐烂，并冒出酒糟味的褐色汁液。在潮湿条件下，受害的根颈表面或近地面土表长出白色绢丝状菌丝体。有的在病部或附近的地表裂缝中长出许多棕褐色或茶褐色油菜籽状的菌核，树体逐渐衰弱乃至全株枯死。

苗木受害后，影响水分和养分的吸收，致使地上部叶片变小变黄，苗木弱小。严重时枝叶凋萎，当病斑环根颈一周后会导致全株枯死。

图2-22　桃树白绢病

【发病特点】

以菌丝体在病树根颈部或以菌核在土中越冬。第二年温度适宜时，产生新的菌丝体，通过灌溉水、农事操作及苗木移栽传播，从根颈部的伤口或嫁接口处侵入，造成颈部的皮层及木质部腐烂。菌核在土壤中能存活5～6年，遇到适宜条件就会萌发侵染。

高温高湿是发病的重要条件，因此该病害在夏季发生严重。在酸性至中性的土壤和沙质土壤中易发病；重茬地由于土壤中病菌积累多，苗木也易发病；根颈部受日灼伤的苗木也易感病，栽植果树时嫁接口埋在土内容易发病。

【防治方法】

1）圃地选择。育苗地要选择土壤肥沃、土质疏松、排水良好的土地。不能重茬育苗，前作发病重的苗圃应与禾本科作物轮作4年以上，方能重新育苗。

2）土壤消毒。在育苗或栽树前，每亩（1 亩≈666.7m^2）用

70% 五氯硝基苯可湿性粉剂 1000g，加细土 20kg，拌匀撒在播种沟内或树穴周围。

3）合理栽植。桃苗定植时，嫁接口要露出地面，以防土壤中的白绢病菌从接口处侵入。

4）扒土凉根。树体地上部分出现症状后，春秋季将树干基部主根附近的土扒开，晾晒根颈处。

5）化学防治。苗木栽植前，用甲基托布津或多菌灵 800～1000 倍液浸泡根系，以杀死根部病菌。在大树发病初期，用刀将根颈部病斑彻底刮除，并用波尔多液涂抹伤口，或用 1% 硫酸铜液浇灌病株根部，或用 25% 萎锈灵可湿性粉剂 1000 倍液浇灌病株根部。

12. 桃树白纹羽病 >>>>

桃树白纹羽病是桃树的主要根部病害之一，病原为子囊菌门褐座坚壳菌。广泛分布于我国各桃产区，其寄主植物很多，可为害桃、苹果、梨、葡萄、杏、樱桃、柑橘等多种果树的根系。

【发病症状】

白纹羽病根系被害初期，毛细根先霉烂，然后扩展到侧根和主根，病根表面缠绕有白色或灰白色丝网状物菌索（图 2-23）。发病后期，烂根的柔软组织全部消失，外部的栓皮层如鞘状套于木质部外面，有时在病根木质部长出黑色圆形菌核。地上部近土面根际处出现灰白色或灰褐色的绒布状物，此为菌丝膜，有时形成小黑点，即病菌的子囊壳。病树地上部分树枝过分衰弱，开花坐果过多，夏季叶片逐渐变黄凋萎。

【发病特点】

以菌丝体、根状菌索或菌核在病根或遗留在土壤的病残体上

图 2-23　桃树白纹羽病

越冬。春季条件适宜时，由菌核或根状菌索上长出营养丝，首先侵害桃树新根柔软组织；被害细根软化腐朽以至消失后，逐渐延及粗大主根。病菌主要依靠病根与健康根接触而传染，灌水、施肥、翻耕土壤等农事操作也能传病。该病菌能在土壤中存活多年，并能横向扩展而侵害邻近的健康根系。

〔防治方法〕

1）加强管理。减少大水漫灌，增施有机肥，可抑制病菌生长，提高根系抗病力。

2）不用刺槐做防护林。白纹羽病寄主范围很广，最好不在新伐林地栽种桃树。若在新伐林地建桃园，一定要把土壤中的树根清拣干净。

3）开沟封锁病株。在桃园初见病树时，即在病树周围开沟，避免病根与邻近果树的健康根接触，防止病害蔓延。

4）化学防治。田间发现病根，应扒开土壤将已霉烂的根切除，再浇灌药液或撒施药粉，药剂为 70% 甲基托布津可湿性粉剂 600 倍液。病根及附近土壤要带出园外，并换上无病菌的新土覆盖根部。

提示　预防桃树根系病害的关键是栽植健康苗木，不重茬、不埋住嫁接口，及时排水防涝，采用水肥一体化滴灌技术和生草技术，减少根系因施肥、灌水、除草造成的伤口和病菌传播。

13. 桃树流胶病 >>>>

桃树流胶病又称树脂病，分为侵染性（*Botryosphaeria ribis* Gross. et Dugg.）和非侵染性（生理性）两种类型。在我国各桃产区普遍发生，南方温暖、多雨、潮湿的地区发生尤其普遍。流胶造成树势衰弱，影响果品质量，甚至死枝死树。除桃树外，其他核果类果树如李、杏、樱桃、扁桃、梅等也容易发生流胶病。

〔发病症状〕

1）侵染性流胶病。由病菌引起，主要发生在桃树根颈、主干、枝杈等部位，也可为害果实。一年生枝染病，开始以皮孔为中心产生疣状小突起，后扩大成瘤状突起物，当年不发生流胶现象。第二年5月上旬病斑扩大开裂，溢出半透明、柔软黏性胶，后变茶褐色，质地变硬，吸水膨胀成冻状胶体。多年生枝和干受害产生水泡状隆起，并有半透明树胶流出（图2-24），后期胶变

图2-24　桃树主干流胶状

褐变硬，受害处变褐坏死（图2-25），严重者枝干枯死，树势明显衰弱。果实染病，初呈褐色腐烂状，后逐渐密生粒点状物，湿度大时粒点口溢出白色胶状物。

2）非侵染性流胶病。为生理性病害，发病症状与侵染性类似，多因冻害、病虫害、雹灾、冬剪过重、机械伤口等引起生理性流胶（图2-26、图2-27）。此外土壤黏重、积水、树上结果过多、树势衰弱等，也会诱发非侵染性流胶病。

图2-25 流胶干缩状

图2-26 虫害为害引起的流胶

〔发病特点〕

侵染性流胶病菌以菌丝体和分生孢子器在被害枝条里越冬，第二年3~4月弹射出分生孢子，通过风雨传播，从皮孔、伤口及侧芽侵入，南方1年有2次发病高峰。流胶的病理过程发生在幼嫩的木质部分。

非侵染性病害发生流胶后，容易再感染侵染性病害，尤以雨

图 2-27　机械损伤引起的流胶

后为甚，树体迅速衰弱。诱发此病的因素比较复杂，病虫侵害、霜害与冰雹害、水分过多或不足、施肥不当、修剪过度、栽植过深、土壤黏重板结、土壤酸性太重等，都能引起桃树流胶。果实流胶与虫害有关，蝽象为害易使果实流胶病发生。

　　流胶病以春季发生最盛，长江流域以梅雨期发生最多，8～9月台风过境后，发病也较多。老树、弱树比幼树易于发生，幼龄桃树流胶主要发生在主干上，成年桃树主干、主枝及侧枝上均有发生，果实表面和果核也有流胶病发生。温度决定桃流胶病发生时间，同时和降雨量一起影响发病程度，高温多雨是流胶病盛发的重要诱因。

〔防治方法〕

　　1）农业防治。平原地起垄栽培，雨后及时排水。及时灌水与施肥，多施有机肥，改善土壤理化性质，提高土壤肥力，增强树体抵抗能力。冬季落叶后，树干、大枝涂白，防止日灼、冻害，可杀菌治虫，防止发生非侵染性流胶。

2）及时防治桃园各种病虫害，特别是天牛、小蠹、黑蚱蝉等枝干害虫，减少枝干伤口，减轻流胶病发生。

3）刮治病斑。桃树开花前刮去胶块，涂抹843康复剂。

4）化学防治。可用抗菌剂401、多菌灵、甲基硫菌灵、异菌脲等喷施或涂刷主干，涂刷主干的浓度可比喷施树冠的浓度相对提高。主干涂刷之前，先用竹片把流胶部位的胶状物刮除干净，再涂刷药液。药剂可用50%甲基硫菌灵超微可湿性粉剂500倍液或50%多菌灵可湿性粉剂500倍液、50%异菌脲可湿性粉剂500倍液或50%腐霉利可湿性粉剂800倍液，防效较好。

提示 影响桃树流胶病发生的主要因素是湿度和各种伤口，预防桃树流胶病的最好方法就是采取各种措施来降低桃园湿度、避免水涝和过度干旱以及减少伤口的发生。

14. 桃树缺铁症（黄叶病）>>>>

桃树缺铁症又称桃黄叶病、白叶病、褪绿病。

〔发病症状〕

桃树新梢顶端的嫩叶先变黄，逐渐向下部扩展。主要表现为叶脉保持绿色，而脉间叶肉褪绿变黄，形成绿色细网状（图2-28）。随病势发展，叶片失绿程度加重，整片叶全部变为黄白色（图2-29），叶缘和叶尖呈现锈褐色坏死斑点或斑块，叶片逐渐焦枯，最后脱落，嫩梢枯死。

图 2-28　缺铁初期症状　　　　图 2-29　缺铁中期症状

〔发病原因〕

由于铁元素在植物体内不易移动，缺铁症先从幼嫩叶上开始发病。一般树冠外围、上部的新梢顶端叶片发病较重，下部的老叶发病较轻。在盐碱地、钙质土、含锰过多的酸性土中或土壤含水量高，均不利于桃树对铁元素的吸收，故容易发生缺铁病。

〔防治方法〕

1）选址建园。选择透气性好的砂壤土地或山区丘陵地建园，尽量不栽种在盐碱地和低洼地。对于低洼地块，采取起垅栽植。

2）改良土壤。对于碱性土壤，多施有机肥，也可适量施用石膏、硫黄粉、酸性肥料加以改良，促使土壤中被固定的铁元素释放出来。

3）合理补铁。黄叶病发生严重的桃园，结合施基肥把硫酸亚铁 1 份与有机肥 5 份混合，开沟施用。在石灰性土壤中施用金属螯合铁比施硫酸亚铁效果好，在酸性土壤中施用金属螯合铁效果更好，一次施用效果可达 2 年。发芽前对枝干喷施 0.3% ~ 0.5% 硫酸亚铁溶液；萌芽前对每株成龄树浇灌 30 ~ 50 倍的硫酸亚铁水溶液 50 ~ 100kg。

第三章
桃树虫害诊断与防治

1. 桃蚜 >>>>

桃蚜（*Myzus persicae* Sulzer）又名桃赤蚜、烟蚜、菜蚜，属世界性害虫，广泛分布于我国各桃产区。主要为害桃、李、杏、梅等核果类果树，也为害烟草、辣椒、萝卜、白菜、番茄等多种蔬菜和杂草。

〔为害症状〕

桃蚜以成蚜、若蚜群集在桃树新梢和嫩叶背面刺吸汁液（图3-1），受害叶片向背面纵向卷缩（图3-2），叶片表面布满蚜虫排泄的蜜露，最后受害叶片枯黄早落，严重抑制新梢生长（图3-3）。蚜虫分泌的蜜露容易诱发煤污病，污染叶片（图3-4）和果面，或造成发育不良而出现裂果和果面青斑（图3-5、图3-6）。同时，桃蚜还传播桃树病毒病，间接危害桃树。

图 3-1　叶片背面的桃蚜

图 3-2　桃蚜为害形成卷叶初期

图3-3 桃蚜为害后期症状

图3-4 桃蚜为害引起的煤污

图3-5 桃蚜为害造成裂果

图3-6 桃蚜为害的果实出现青斑

〔形态特征〕

1）成蚜。有两种形态，即无翅胎生雌蚜和有翅蚜。无翅成蚜身体黄绿色或褐色，卵圆形（图3-1），体长2mm左右，复眼浓红色，触角黑色长丝状。有翅成蚜身体黄绿色至赤褐色，体长1.6~2.1mm，头部、胸部、触角及尾部均为黑色，腹部背面有1个黑褐色大斑，有1对翅。

2）若蚜。形态似无翅成蚜，个体较小（图3-7）。

3）卵。长椭圆形，初产生时呈绿色，以后逐渐变成漆黑色，

图3-7 越冬卵孵化出的幼若蚜

有光泽（图3-8），仅在越冬期出现。

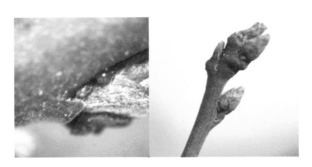

图3-8 桃蚜越冬卵

〔发生特点〕

1年发生10余代。以卵在桃、杏、李树的枝梢、芽腋、小枝杈等处越冬，并以若蚜在许多大棚蔬菜、露地越冬蔬菜和杂草上越冬。桃芽萌动至开花期，越冬卵孵化，若虫先在嫩芽上为害，花和叶开放后，转移到花和叶上。落花后为害新梢，5～6月为全年发生为害盛期。6月下旬，新梢停止生长，产生有翅蚜飞到蔬菜、杂草上继续为害。10月产生有翅蚜又迁回桃树，产生性蚜，交配后产卵越冬。

桃蚜取食为害期都是以胎生方式繁殖后代。所以，繁殖速度快，种群增长迅速，可在短期内暴发并对桃树造成严重危害。

〔防治方法〕

1）发芽前防治。桃树花芽萌动期，结合防治其他病虫，喷施3～5波美度石硫合剂或95%机油乳剂50倍液+70%甲基硫菌灵可湿性粉剂500倍液，杀灭树体上的越冬卵和越冬病菌。

2）发芽后防治。桃蚜属突发性为害，一旦蚜虫数量暴发，几天内叶片即可皱卷。因此，应抓紧在卷叶之前进行防治。桃树谢花后，蚜量尚未迅速上升前，在树上均匀喷药防治。选用的药剂有50%氟啶虫胺腈水分散粒剂10000～12000倍液、240g/L螺虫乙酯悬浮剂8000倍液、10%吡虫啉可湿性粉剂3000～4000倍、3%啶虫脒乳油2000倍液。兼治桃一点叶蝉、绿盲蝽、桑白蚧等刺吸式害虫。

3）生物防治。桃蚜有很多自然天敌，主要有食蚜蝇（图3-9、图3-10）、瓢虫（图3-11、图3-12）、草蛉（图3-13）、

图3-9　食蚜蝇成虫　　　　图3-10　食蚜蝇幼虫捕食蚜虫

小花蝽、蚜茧蜂。为了保护这些天敌，桃园里尽量不喷洒广谱、触杀性的菊酯和有机磷类杀虫剂，以免直接杀伤天敌。在小麦种植区，可于5月上中旬，在麦田用捕虫网捕捉瓢虫，释放于桃园，以控制蚜虫。春季，桃树行间适量保留一些矮生杂草（荠菜、通泉草等），天敌可以在杂草间栖居和繁衍，当桃树上发生蚜虫时上树取食桃蚜。

孙广清 摄

图 3-11　异色瓢虫成虫交尾

图 3-12　异色瓢虫幼虫

图 3-13　草蛉成虫

提示 桃蚜容易产生抗药性，利用化学农药防治桃蚜时，必须交替使用上述杀虫剂。

2. 桃瘤蚜 >>>>

桃瘤蚜（*Tuberocephalus momonis* Matsumura）又名桃瘤头蚜、桃纵卷瘤蚜。在我国各桃产区广泛分布。主要为害桃、杏、李、樱桃、梅等核果类果树，也可为害艾蒿等菊科植物。

〔为害症状〕

以成蚜、若蚜群集在叶片背面刺吸汁液。被害叶片边缘向背后纵向卷曲，卷曲部位组织肿胀，凹凸不平，变为浅绿色或紫红色（图3-14），蚜虫潜藏在卷叶内。危害严重时，新梢上的叶片卷成细绳状，最后干枯、脱落。严重影响桃树新梢生长和花芽发育。

图 3-14 桃瘤蚜为害症状

【形态特征】

1）成蚜。有两种形态，即无翅胎生雌蚜和有翅成蚜。无翅蚜长椭圆形，较肥大，体色多变，有深绿、黄绿、黄褐色，体长2.1mm左右，头部及腹管黑色，头部额瘤明显（图3-15）。有翅蚜身体浅黄褐色，胸部黑色，体长1.8mm左右，额瘤明显。

图3-15　桃瘤蚜无翅成蚜

2）若蚜。身体浅黄或浅绿色，头部和腹管深绿色，形态似无翅成蚜，个体较小。

3）卵。椭圆形，漆黑色，有光泽（图3-16）。仅在越冬期出现。

【发生特点】

桃瘤蚜1年发生10余代，有世代重叠现象。以卵在桃树的枝梢、芽腋（图3-16）和枝梢上的贴叶处越冬。桃树萌芽后，越冬卵开始孵化，取食

图3-16　桃瘤蚜越冬卵

嫩叶。谢花后的新梢生长期为桃瘤蚜为害盛期。春梢停止生长后，产生有翅蚜迁往杂草和农作物上为害。10月下旬产生有翅蚜飞回到桃树上继续为害，并产生性蚜，交尾后产卵越冬。

〔防治方法〕

参见桃蚜的防治方法。

提示 桃瘤蚜的防治一定要在卷叶之前进行，卷叶之后药剂难以接触虫体，防治效果较差。

3. 桃粉蚜 >>>>

桃粉蚜（*Hyalopterus amygdali* Blanchard.）又名桃大尾蚜、桃粉绿蚜，主要为害桃、杏、李、樱桃、梅等核果类果树，也为害梨、香蒲、芦草等多种植物，在我国各桃产区广泛分布。

〔为害症状〕

桃粉蚜以成蚜、若蚜群集在叶片背面和嫩梢上刺吸汁液，致使被害叶片向背面对合纵卷（图3-17），虫体分泌大量白色蜡粉污染叶片和果实，诱发煤污病，使叶面变黑。叶片受害严重时，可提前脱落。

〔形态特征〕

1）成蚜。分无翅胎生雌蚜和有翅成蚜两种形态。无翅成蚜长椭圆形，体长约2.3mm，绿色，体表被有一层白色蜡粉（图3-18），头与触角末端黑色。有翅成蚜体长约2mm，头、胸

图 3-17　桃粉蚜为害症状

部黑色，腹部有黄绿、橙绿、浅绿等色，复眼红褐色，触角黑色丝状。

2）若蚜。形态似无翅成蚜，但个体小，浅绿色，体上覆有少量白色蜡粉（图 3-18）。

3）卵。椭圆形，长 0.5～0.7 mm，初产时黄绿色，后变成黑色，有光泽。

图 3-18　桃粉蚜成蚜和若蚜

〔发生特点〕

1 年发生 10～20 代，以卵在桃、杏、李等果树枝的小枝杈、芽腋及裂皮缝隙处越冬。第二年春季桃树萌芽时，卵开始孵化。谢花后至果实成熟前为繁殖为害盛期。新梢停止生长后，产生有翅蚜迁飞到杂草上繁殖为害。10 月又迁回桃树上取食，并产生两性蚜，交尾后产卵越冬。

〔防治方法〕

参见桃蚜的防治方法。在不喷洒化学农药的情况下，寄生蜂寄生率较高（图3-19）。

图3-19 被寄生蜂寄生的桃粉蚜

提示 由于桃粉蚜体表有蜡粉，药液中加入适量餐洗剂或有机硅，可以增加药液黏着力，提高防治效果。

4. 山楂叶螨 >>>>

山楂叶螨（*Tetranychus viennensis* Zacher）又名山楂红蜘蛛，主要为害桃、苹果、山楂、梨、杏、樱桃、海棠、核桃、榛子、橡树等多种树木。在我国各桃产区广泛分布。

〔为害症状〕

以成螨、幼若螨群集叶片背面刺吸为害，主要集中在主脉两侧，成螨有吐丝结网的习性。叶片受害后，在叶片正面出现黄色

63

失绿斑点（图3-20），并逐渐扩大成片，叶片背面呈锈红色。受害严重时，叶片呈灰褐色焦枯以至脱落。严重抑制果树生长发育，甚至造成二次开花，影响花芽形成和次年产量。

图 3-20 山楂叶螨为害症状

〔形态特征〕

1）雌成螨。该螨分为冬型和夏型两种。越冬型雌成螨鲜红色，枣核形，体长 0.3～0.4mm。夏季为害型虫体为暗红色，椭圆形，体长 0.5～0.7mm，背部隆起。两种类型雌螨均有 26 根背毛，分成 6 排（图3-21）。刚毛基部无瘤状突起。

2）雄螨。体长 0.4mm，腹部末端尖削，初蜕皮为浅黄绿色，逐渐变成绿色及橙黄色，体背两侧有墨绿色斑纹。

3）卵。圆球形，橙黄或黄白色，表面光滑，有光泽（图3-21）。

4）幼螨。体圆形，黄白色，取食后为浅绿色，3 对足。

5）若螨。体椭圆形，黄绿色，4 对足（图3-21）。

〔发生特点〕

由南至北，山楂叶螨 1 年发生代数逐渐增加，从几代到 10余代。以受精冬型雌成螨在主枝、主干的树皮裂缝内、老翘皮下、树干贴叶下越冬（图3-22），在幼龄树上多集中在树干基部周围的土缝里越冬，也有部分在落叶、枯草或石块下面越冬。第二年，桃树开花时开始出蛰上树，先在内膛的芽叶上取食、活动，如果遇阴雨或倒春寒，又回到附近的缝隙内潜伏。越冬雌螨为害嫩叶 7～8 天后开始产卵，产卵

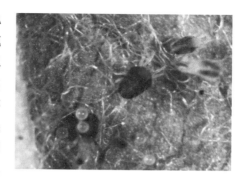

图 3-21 山楂叶螨雌成螨、若螨、卵

高峰期在谢花后的幼果期。第 1 代发生较为整齐，是喷药防治的关键时期，以后各代重叠发生。麦收前后，种群数量急剧增加，6～7 月为全年猖獗为害期。山楂叶螨怕雨水冲刷，雨季到来后，种群数量会大幅度自然降低，这就是山楂叶螨在北方发生比南方严重的原因之一。10 月中旬后，陆续进入越冬场所。

图 3-22 在树干贴叶下越冬的成螨

〔防治方法〕

1）农业防治。秋季落叶后，彻底清扫果园内落叶、杂草，集中处理后深埋或投入沼气池。结合施基肥深耕翻土，消灭越冬成螨。晚秋，在树干上绑扎废果袋或诱虫带（图3-23），诱集越冬成螨，冬季修剪时解下烧掉。

2）生物防治。首先保护自然天敌，叶螨的主要天敌有塔六点蓟马（图3-24）、捕食螨和小花蝽，这些天敌对控制害螨的数量增长具有重要作用，因此果园尽量少喷洒触杀性杀虫剂，以减轻药剂对天敌昆虫的伤害。改善果园生态环境，在果树行间种草或适当留草，为天敌提供补充食料和栖息场所。也可直接购买捕食螨或塔六点蓟马，按照产品说明书进行释放。

图3-23 绑扎诱虫带

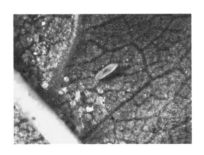

图3-24 塔六点蓟马若虫捕食害螨

3）化学防治。谢花后7～10天，树上喷洒长效杀螨剂，如24%螺螨酯悬浮剂3000倍液、11%乙螨唑悬浮剂5000～7500倍液、5%噻螨酮乳油1500倍液。成螨大量发生期，叶面喷洒速效性杀螨剂，如15%哒螨酮乳油3000倍液、1.8%阿维菌素乳油4000倍液、15%三唑锡可湿性粉剂1500倍液、43%联苯肼酯悬浮剂3000～5000倍液等。

5. 二斑叶螨 >>>>

二斑叶螨（*Tetranychus urticae* Koch）又名二点叶螨，俗称白蜘蛛，食性很杂，除为害桃、杏、苹果、草莓、樱桃、梨等多种果树外，还为害多种蔬菜、农作物、花卉、林木、杂草等。二斑叶螨是一种世界性害螨，在我国各桃产区广泛分布。

〔为害症状〕

以幼螨、若螨和成螨刺吸为害桃树叶片，被害叶初期仅在叶脉附近出现失绿斑点（图 3-25），以后逐渐扩大，叶片大面积失绿，使叶片呈灰白色或枯黄色细斑，最后干枯脱落。二斑叶螨喜群集，并有吐丝结网习性，大发生或食料不足时常千余头群集于叶端成一虫团（图 3-26）。

图 3-25　二斑叶螨为害症状（一）　　**图 3-26**　二斑叶螨为害症状（二）

〔形态特征〕

1）雌成螨。雌成螨椭圆形，体长约 0.5mm，浅黄绿色，体背两侧各有 1 个黑色斑块（图 3-27）。越冬型雌成螨鲜橙黄色，黑斑消失。

2）雄成螨。身体呈菱形，长约 0.3mm，灰绿色或黄褐色。

3）卵。圆球形，直径约 0.1mm。初产卵无色透明，以后渐变为浅黄色，有光泽（图 3-27）。

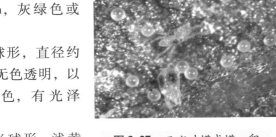

图 3-27 二斑叶螨成螨、卵

4）幼螨。半球形，浅黄色或黄绿色，眼红色，3 对足。

5）若螨。椭圆形，黄绿色或深绿色，体侧有深绿色斑点，4 对足。

〔发生特点〕

在南方 1 年发生 20 代以上，在北方 12～15 代。在北方以受精雌成螨在果树粗皮下、裂缝中或在根际周围土缝、宿根杂草、落叶下群集越冬。春季，当日平均气温达 10℃时，越冬雌螨开始出来活动取食并产卵。首先在果园内的春季杂草上繁殖为害，3 月中下旬达到出蛰盛期。4 月果树发芽后，即陆续上树为害。6 月上中旬数量急剧增加，扩散蔓延，6 月底至 7 月上旬为全年的猖獗为害盛期。二斑叶螨在田间的为害持续时间比山楂叶螨长，一般年份可持续到 8 月中旬前后。北方 10 月以后，陆续出现滞育个体进入越冬场所。

〔防治方法〕

1）农业防治。早春越冬螨出蛰前，清除果园里的枯枝落叶和杂草，集中深埋或投入沼气池，消灭越冬雌成螨。及时剪除树下根蘖，消灭其上的二斑叶螨。桃园合理间作，避免种植二斑叶螨喜食的花生、大豆等豆科植物。

2）生物防治。参见山楂叶螨的生物防治方法。

3）化学防治。夏季发生初期，树上及时喷洒杀螨剂，可选用的药剂有 24% 螺螨酯悬浮剂 3000 倍液、11% 乙螨唑悬浮剂 5000～7500 倍液、1.8% 阿维菌素乳油 4000 倍液、20% 三唑锡悬浮剂 1500 倍液、43% 联苯肼酯悬浮剂 3000～5000 倍液。喷药时要均匀、周到，果树根蘖苗和地面杂草也需要喷药。

提示　二斑叶螨容易产生抗药性，比山楂叶螨耐药性强，哒螨酮（哒螨灵）对二斑叶螨无效。二斑叶螨喜欢取食花生、大豆、苜蓿，果园间作这些作物容易加重二斑叶螨的发生。

6. 桃一点叶蝉　>>>>

桃一点叶蝉［*Erythroneura sudra*（Distant）］又叫小绿叶蝉、浮尘子。属同翅目，叶蝉科。为害桃树、李、杏、樱桃、苹果、梨、葡萄等。我国长江和黄河流域普遍发生，东北、内蒙古、贵州等地区也有分布。

【为害症状】

以成虫、若虫刺吸桃树各部位汁液为害。早期吸食花萼、花瓣，谢花后在叶片背面和嫩枝上取食和产卵，被害叶片出现失绿白色斑点（图 3-28）。严重时全树叶片呈苍白色（图 3-29），提早落叶，造成树势衰弱，花芽发育不良，影响次年桃果产量。虫体排出的虫粪污染叶片和果实，影响果实品质。

图 3-28　桃一点叶蝉为害初期　　图 3-29　桃一点叶蝉为害后期

〔形态特征〕

1）成虫。体长 3.0 ~ 3.3mm，全体浅黄、黄绿或暗绿色。头顶钝圆，顶端有 1 个黑点，其外围有 1 个白色晕圈（图 3-30），故名桃一点叶蝉。前翅浅绿色半透明，翅脉黄绿色，后翅无色透明，翅脉浅黑色。

2）若虫。老龄若虫体长 2.4 ~ 2.7mm，全体浅绿色，复眼紫黑色，翅芽绿色（图 3-31）。

3）卵。长椭圆形，一端略尖，长约 0.8mm，乳白色，半透明。

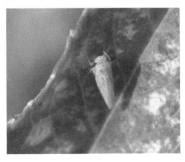 

图 3-30　桃一点叶蝉成虫　　图 3-31　桃一点叶蝉若虫

【发生特点】

我国由北至南，桃一点叶蝉1年发生3~6代。以成虫在落叶、杂草、石缝、树皮缝和桃园附近常绿树上越冬。第二年3月上旬，桃树现蕾萌芽时，开始迁往桃树为害，并在叶片主脉内产卵。全年中以7~9月桃树上的虫口密度最高，危害最严重，并世代重叠。

【防治方法】

1）农业防治。桃树落叶后，彻底清扫桃园内的杂草、落叶，集中深埋或投入沼气池，消灭越冬虫源。

2）物理防治。用诱虫色板（黄色、蓝色）挂在树上诱杀成虫（图3-32），20天左右更换1次。

3）化学防治。必须抓好三个关键时期喷药防治，即谢花后新梢展叶生长期；5月下旬第1代若虫孵化盛期；7月中旬至8月上旬第3代若虫孵化盛期。选择清晨和傍晚成虫行动相对迟钝的时间喷药，药剂可选用10%吡虫啉可湿性粉剂4000

图3-32　黄色粘虫板诱杀叶蝉成虫

倍液、2.5%溴氰菊酯乳油2500倍液、20%灭扫利乳油2000倍液。

提示　前期桃一点叶蝉可以和蚜虫一起防治，选用内吸性杀虫剂。后期需要和桃潜叶蛾一起防治，可以选用菊酯类杀虫剂。

71

7. 绿盲蝽 >>>>

绿盲蝽又名牧草盲蝽，属半翅目，盲蝽科，俗称小臭虫、破头疯。绿盲蝽食性很杂，可取食棉花、蔬菜、茶叶、果树、苜蓿、杂草等多种植物。随着气候和环境条件的改变，绿盲蝽在果园发生越来越重，成为果树上的一种重要害虫，可为害桃、樱桃、葡萄、枣、苹果、梨等多种果树。国内各桃产区广泛分布。

〔为害症状〕

绿盲蝽主要为害桃树嫩芽、幼叶、新梢和幼果。成虫、若虫刺吸花芽和叶芽，可造成桃树不能发芽和开花；为害幼叶和新梢，导致叶片上出现很多大小不一的孔洞或缺口，呈破叶状（图3-33），抑制新梢生长；为害幼果后，可引起果实流胶，刺吸部位停止发育，凹陷木栓化，最后形成畸形果。

〔形态特征〕

1）成虫。体长5mm，黄绿色，前翅半透明，暗灰色。复眼黑色突出，触角丝状（图3-34）。

图3-33　绿盲蝽为害症状　　　图3-34　绿盲蝽成虫

2）卵。长1mm，黄绿色，长口袋形，卵盖奶黄色，中央凹陷，两端突起。

3）若虫。共5龄，初孵时绿色，复眼桃红色。3龄时出现翅芽。5龄虫全体鲜绿色，密被黑细毛；触角浅黄色，端部色渐深。

〔发生特点〕

绿盲蝽在长江以北1年发生4~5代，以卵在芽鳞内越冬。果树萌芽期越冬卵开始孵化，山东烟台地区4月下旬为孵化高峰期，孵化出的若虫直接刺吸为害花芽和叶芽。此时是树上喷药防治的关键时期。第1代成虫于5月上旬开始出现，5月中旬和下旬为1代成虫高峰期；此后，大约1个月1代，世代重叠严重，一直为害到秋季。10月成虫陆续产卵于芽鳞内进行越冬。绿盲蝽在桃树整个生育期均有发生，第1、2代成虫发生数量较多，果实膨大后，大量成虫转移扩散至其他寄主植物上为害，第5代成虫于9月下旬大量迁回果园产卵越冬。

〔防治方法〕

于桃树萌芽期和谢花期后，与防治蚜虫一起树上喷洒杀虫剂，选用药剂同桃蚜。

8. 斑衣蜡蝉 >>>>

斑衣蜡蝉属同翅目，蜡蝉科，又名椿皮蜡蝉，俗称"花姑娘""椿蹦""花蹦蹦"。在我国分布广，食性杂，可为害桃、葡萄、樱桃、梅、海棠、石榴、板栗、核桃等多种果树，特别喜欢臭椿。

〔为害症状〕

以成虫、若虫群集在桃树叶片背面、嫩梢上刺吸汁液，被害桃梢长势弱，不抗冻害。成虫、若虫均会跳跃，栖息时头部翘起，常几头排列成一条直线。

〔形态特征〕

1）成虫。体长 15~25mm，翅展 40~50mm，全身灰褐色；头角向上卷起，呈短角突起。前翅浅褐色，基部 2/3 的翅面上具有 20 余个黑点，端部约 1/3 密布黑色纵行短线；后翅膜质，基部鲜红色，上有黑点，中间部位白色，端部黑色（图 3-35）。

图 3-35　斑衣蜡蝉成虫

2）卵。长椭圆形，褐色，长约 5mm，卵粒排列整齐成块，一般每块卵有 40~50 粒。卵块表面覆盖有一层蜡粉，初产时为白色，逐渐变为土褐色（图 3-36、图 3-37）。

图 3-36　斑衣蜡蝉卵块

图 3-37　斑衣蜡蝉卵粒形态

3）若虫。体形似成虫，1～3龄虫体黑色，体表有许多白色斑点；4龄虫体背面呈红色，具有黑白相间的斑点（图3-38、图3-39）。

图3-38　斑衣蜡蝉低龄若虫　　　图3-39　斑衣蜡蝉老龄若虫

〔发生特点〕

1年发生1代。以卵在树干或附近建筑物上越冬。春季桃树开花时若虫孵化为害，若虫稍有惊动即跳跃而去。经3次蜕皮，6月中下旬至7月上旬羽化为成虫，活动为害至10月。8月中旬开始交尾产卵，卵多产在树干的避光处。成虫和若虫均具有群栖性，飞翔力较弱，但善于跳跃。

〔防治方法〕

1）人工防治。结合冬季修剪，刷除果园内及周围树体上的卵块。

2）药剂防治。若虫期，结合防治蚜虫、卷叶蛾一起喷药防治，一般不需要专门防治。

9. 桃潜叶蛾 >>>>

桃潜叶蛾 [*Lyonetia clerkella*（Linnaeus）]，又名桃潜蛾，主要为害桃，还为害李、杏、樱桃、稠李等。在我国桃产区均有发生。

〔为害症状〕

桃潜叶蛾成虫产卵于叶背面表皮内，幼虫孵化后在叶肉里蛀食呈弯曲隧道，有的似同心圆状蛀道，虫斑常枯死脱落成孔洞。有的呈线状，也常破裂，粪便充塞蛀道内，致使叶片破碎干枯脱落（图3-40）。

图3-40　桃潜叶蛾为害症状

〔形态特征〕

1）成虫。体长约3mm，翅展约8mm，成虫体色在夏季和冬季不同，冬型成虫前翅灰褐色（图3-41），夏型成虫前翅银白色（图3-42）。触角丝状，黄褐色，基部白色。头顶丛生一撮白色

图3-41　桃潜叶蛾越冬成虫　　　**图3-42**　桃潜叶蛾夏季成虫

冠毛。前翅狭长，翅端尖细，上生黑色斑纹和长缘毛。后翅灰色，缘毛长。

2）卵。圆形，长约0.3mm，无色，半透明。

3）幼虫。老熟幼虫体长约6mm，浅绿色，头浅褐色。胸足、腹足均短小（图3-43）。

4）蛹。长3～4mm，细长，浅绿色，腹末具2个圆锥形突起。

5）茧。长椭圆形，白色，两端具长丝，黏附枝叶上。丝茧包裹在蛹体上（图3-44）。

图3-43　桃潜叶蛾老熟幼虫　　　图3-44　桃潜叶蛾茧

〔发生特点〕

1年发生7～8代，以成虫在落叶、杂草、土块和石块下、树皮缝和墙缝内越冬。第二年桃树发芽时成虫开始出蛰活动，成虫昼伏夜出，产卵于叶表皮内，单粒散产。孵化后幼虫在叶肉内潜食，老熟后钻出叶片，于叶片背面吐丝结茧化蛹，少数于枝干上或树下杂草上结茧化蛹。四川龙泉一般于4月中旬始见第1代幼虫，4月下旬出现第1代成虫，以后每16～30天完成1代。发生期不整齐，世代重叠现象严重。10月（桃树落叶期）开始，成虫陆续进入越冬状态。

〔防治方法〕

1）农业防治。桃树花芽萌动前，清除园内及四周落叶和杂草，集中处理，消灭越冬虫源。

2）诱杀成虫。桃树谢花期开始，田间悬挂桃潜蛾性诱剂和诱捕器，诱杀雄成虫。每亩桃园挂 6～7 个诱捕器，隔 20～30 天更换 1 次性诱芯，至 10 月结束。同时，可以监测成虫发生期，指导树上喷药防治。

3）化学防治。第 1、2 代成虫盛发期后 5 天，树上分别喷洒 1.8% 阿维菌素 3000 倍液。

提示　桃潜叶蛾的卵和幼虫潜藏在叶肉内，最好选用具有内吸和内渗性的杀虫剂防治。

10. 苹小卷叶蛾 >>>>

苹小卷叶蛾〔*Adoxophyes orana*（Fischer von Roslerstamm）〕又称棉褐带卷蛾、远东苹果小卷叶蛾、茶小卷叶蛾，俗称舔皮虫，简称苹小卷。该虫在我国寄主多、分布范围广。主要为害桃、李、杏、苹果、海棠、樱桃、柑橘、茶树等。

〔为害症状〕

以幼虫为害桃树叶片、果实，通过吐丝结网将叶片连在一起，形成卷叶，幼虫潜藏在卷叶内取食叶肉，损伤叶片（图3-45）。桃果膨大至成熟期，该卷叶蛾幼虫常在叶与果、果与果相贴处啃食果皮，在果面上形成许多小坑洼（图3-46）。

图3-45　苹小卷叶蛾
为害叶片症状

图3-46　苹小卷叶蛾
为害果实症状

〔形态特征〕

1）成虫。体长7~9mm，全体黄褐色；前翅深褐色，斑纹褐色，翅面上有2条深褐色不规则斜向条纹，自前缘向外缘伸出，外侧的一条较细，双翅合拢后呈"V"字形斑纹，后翅浅黄褐色（图3-47）。雄虫前翅基部具前缘褶。

2）卵。扁椭圆形，长0.6~0.7mm，数十粒排成鱼鳞状卵块（图3-48）。初产卵浅黄色，半透明，近孵化时呈黑褐色。

图3-47　苹小卷叶蛾成虫

图3-48　苹小卷叶蛾卵

3）幼虫。初孵幼虫墨绿色，然后变成黄绿色。老龄幼虫翠

79

绿色，体长 13 ～ 15mm，头部及前胸背板浅黄褐色（图 3-49）。

4）蛹。黄褐色，长 9 ～ 11mm，腹部 2 ～ 7 节背面各有两横排刺突，前面一排较粗且稀，后面一排细小而密（图 3-50）。

图 3-49　苹小卷叶蛾幼虫

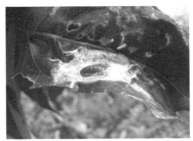

图 3-50　苹小卷叶蛾蛹

〔发生特点〕

苹小卷叶蛾在宁夏、甘肃 1 年发生 2 代；辽宁、河北、山东、陕西、山西、河南、江苏、安徽等地 1 年发生 3 ～ 4 代。以 2 龄幼虫在果树裂缝、翘皮下、剪锯伤口等缝隙内以及黏附在树枝上的枯叶下结白色丝茧越冬（图 3-51、图 3-52）。越冬幼虫于桃树发芽时出蛰，先为害果树新梢、顶芽、嫩叶；幼虫稍大时吐丝，将数个叶片缠缀在一起，形成卷叶式虫苞（图 3-45），幼虫潜藏苞内取食。当虫苞叶片被取食完毕或叶片老化后，幼虫爬出虫苞，重新缀叶结苞为害。幼虫活泼，当卷叶受惊动时，会爬出卷苞，吐丝下垂。老熟幼虫在卷叶苞内或果叶贴合处化蛹（图 3-50）。蛹经 6 ～ 9 天羽化为成虫。在 3 代发生区，越冬代成虫发生期为 5 月中下旬，第 1 代为 6 月中下旬，第 2 代为 7 月中下旬，第 3 代为 8 月下旬至 9 月上旬。成虫具有较强的趋化性和趋光性，对糖醋液和黑光灯趋性较强。成虫白天很少活动，在树上遮阴处静伏，夜间取食交配产卵。成虫喜欢产卵于较光滑的果面或叶片正面。卵期 7 天左右，初孵幼虫多分散在卵块附近叶片背面、重叠的叶片间和果叶贴合的地方啃食叶肉和果皮。

图 3-51　苹小卷叶蛾越冬场所

图 3-52　苹小卷叶蛾越冬幼虫

［防治方法］

1）农业防治。春季桃树发芽前，清除枝条上的残叶（图 3-53）并带出园外深埋。生长期及时摘除虫苞，将里面的幼虫和蛹消灭。

2）果实套袋。桃幼果期套专用果袋，阻碍害虫进入为害果实。可同时防治为害桃果的梨小食心虫、桃蛀螟、蝽象等。

图 3-53　清除残叶消灭越冬幼虫

3）生物防治。在苹小卷叶蛾 1 代成虫发生期，桃园释放松毛虫赤眼蜂。从桃树开花期，在果园里悬挂苹小卷叶蛾性外激素水碗诱捕器，当诱到成虫后 3～5 天，即是成虫卵始期，立即开始第一次释放赤眼蜂，每隔 5 天放 1 次，连放 3~4 次，每亩放蜂 10 万头左右，遇连阴雨天气，应适当多放。在越冬幼虫出蛰前后及第 1 代初孵幼虫期，树上喷洒生物农药 Bt 乳剂（100 亿个芽孢/mL）1000 倍液。

4）诱杀成虫。在果园内利用苹小卷叶蛾性诱芯或糖醋液诱杀成虫。糖醋液的比例为糖:酒:醋:水 = 1:1:4:16，每亩放置 3~5 个糖醋液瓶，定期补加糖醋液。

5）化学防治。各代卵孵化盛期至卷叶以前，选用 25% 灭幼脲悬浮剂 2500 倍液，或 14% 氯虫·高氯氟微囊悬浮剂 3000 倍液，或 24% 甲氧虫酰肼悬浮剂 2000~3000 倍液进行叶面喷雾。

提示 对于卷叶蛾类害虫的防治，树上喷药时间一定掌握在卵孵化期，方能保证防治效果。

11. 黑星麦蛾 >>>>

黑星麦蛾 [*Telphusa chloroderces*（Meyrich）] 又名苹果黑星麦蛾、黑星卷叶蛾、黯星卷叶蛾，为害桃、李、杏、樱桃、苹果、梨、海棠、山荆子等。我国分布于华北、华东、东北、陕西、江苏、四川等地。

【为害症状】

初孵幼虫先为害未展开的嫩叶，虫体稍大后卷叶为害，常数头幼虫吐丝将梢顶数片叶卷成一团状虫苞，群居苞内蚕食叶肉，残留表皮，虫苞松散，内有大量虫粪。该虫发生严重时，全树枝梢叶片受害，只剩叶脉和表皮（图 3-54）。影响桃树生长发育和桃果产量。

图 3-54 黑星麦蛾为害症状（初期、中期、后期）

〔形态特征〕

1）成虫。体长 5～6mm，全身灰褐色。胸部背面及前翅黑褐色，前翅端部 1/4 处有 1 条浅色横带，从前缘横贯到后缘，翅中室内有 3～4 个黑色斑点，其中 2 个十分明显（图 3-55）。后翅灰褐色。

2）卵。椭圆形，浅黄色，有珍珠光泽，长约 0.5mm。

3）幼虫。老熟幼虫体长 10～11mm，头部褐色，前胸背板黑褐色。腹部背面有 7 条黄白色纵条和 6 条浅紫褐色纵条纹相间排列，腹面有 2 条乳黄色纵带（图 3-56）。

图 3-55 黑星麦蛾成虫

图 3-56 黑星麦蛾幼虫

4）蛹。长约 6mm，长卵形，红褐色，比苹小卷叶蛾的蛹短粗（图3-57）。

〔发生特点〕

该虫1年发生3～4代，以蛹在树下杂草内越冬。春季桃树萌芽时羽化为成虫，产卵于新梢顶部叶柄的基部，单粒或几粒成堆。4月中旬卵孵化为幼虫，幼虫取食未展开的嫩叶，稍大的幼虫吐丝将新梢顶部的数片叶纵卷成

图3-57 黑星麦蛾蛹

筒状，常数头至数十头幼虫居内为害。5月老熟幼虫结茧化蛹于被害叶内。以后各代重叠发生。秋季桃树落叶，幼虫转移到树下化蛹越冬。

〔防治方法〕

1）农业防治。果树休眠期，清除树下落叶和杂草，结合施基肥，深埋入施肥坑内，或集中起来投入沼气池内，消灭越冬蛹。生长季节，田间发现卷叶及时摘除，杀死其内的幼虫。

2）生物防治。参照苹小卷叶蛾。

3）化学防治。卵孵化盛期，树上喷洒25%灭幼脲悬浮剂2000倍液，或35%氯虫苯甲酰胺可分散粒剂8000倍液。

12. 黄刺蛾 >>>>

黄刺蛾俗名洋辣子、八角虫、八甲子，属鳞翅目，刺蛾科。食性很杂，可为害桃、李、杏、樱桃、枣、酸枣、苹果、梨、山楂、梅、栗、柑橘、石榴、核桃、柿等多种果树，也为害多种林木和花卉。国内广泛分布。

〖为害症状〗

以幼虫为害桃树叶片。初孵幼虫群集叶背取食叶肉，形成网状透明斑。幼虫长大后分散取食，将叶片食成缺刻或将全叶吃光仅留叶脉。

〖形态特征〗

1）成虫。虫体黄色，体长13～16mm，翅展30～40mm。前翅基部黄色并有2个深褐色斑点，翅末端浅褐色，翅中有2条暗褐色斜线，在翅尖上汇合于一点，呈"V"字形（图3-58）。后翅黄褐色。

图3-58 黄刺蛾成虫

2）卵。扁椭圆形，长约1.5mm，表面有龟纹状刻纹。初产时黄白色，后变成黑褐色。常数十粒排成不规则卵块。

3）幼虫。老熟幼虫体呈长方形，黄绿色，体长19～25mm，背面有一个哑铃形紫褐色大斑，各节有4个枝刺，以腹部第1节上的枝刺最大（图3-59）。初孵幼虫体黄色，体表生有多个枝刺（图3-60）。

图3-59 黄刺蛾老熟幼虫

图3-60 黄刺蛾初孵幼虫

4）蛹。长 13mm，椭圆形，黄褐色，表面有深褐色小齿。

5）茧。卵圆形，灰白色，形状似麻雀蛋。茧壳坚硬，表面有灰白色不规则纵条纹（图 3-61、图 3-62）。

图 3-61　黄刺蛾茧　　　　图 3-62　黄刺蛾茧内幼虫

〔发生特点〕

黄刺蛾在辽宁、陕西、河北等省的北部 1 年发生 1 代，在北京、山东、河北、江苏、安徽等省市 1 年发生 2 代。以老熟幼虫在树枝上结茧越冬（图 3-62）。第 1 代区，第二年 6 月上中旬开始在茧内化蛹，蛹期约半月，6 月中旬至 7 月中旬为成虫发生高峰期，幼虫发生期为 6 月下旬至 8 月下旬。第 2 代区，5 月上旬开始化蛹，5 月下旬到 6 月上旬羽化成虫，第 1 代幼虫 6 月中旬至 7 月上中旬发生，第 2 代幼虫为害盛期在 8 月上中旬。8 月下旬幼虫陆续老熟结茧越冬。成虫夜间活动，有趋光性。雌蛾产卵于叶片背面。卵期 7～10 天。初孵幼虫先吃卵壳，然后群集叶背啃食叶肉。长大后分散开蚕食全叶，仅留叶脉。

〔防治方法〕

1）人工防治。结合冬季修剪，用剪刀刺伤枝条上的越冬茧（图 3-63）。幼虫发生期，田间发现后及时摘除虫枝、虫叶，消灭幼虫。

2）生物防治。黄刺蛾的寄生蜂主要有上海青蜂（图3-64、图3-65、图3-66）、刺蛾广肩小蜂、姬蜂。被寄生的虫茧上端有一个寄生蜂产卵时留下的小孔（图3-64），容易识别。春季，将采下的被寄生虫茧悬挂在果园内，使羽化后的寄生蜂飞出，重新寄生刺蛾幼虫。

图3-63　刺破黄刺蛾越冬茧

图3-64　上海青蜂寄生的越冬茧

图3-65　上海青蜂幼虫

图3-66　上海青蜂成虫

3）化学防治。发生数量少时，一般不需专门喷药防治，可在防治梨小食心虫、潜叶蛾、卷叶虫时兼治。黄刺蛾低龄幼虫不抗药，喷洒一般常用菊酯类杀虫剂均能防治。

13. 褐边绿刺蛾 >>>>

褐边绿刺蛾［*Latoia consocia*（Walker）］又名绿刺蛾、青刺蛾、褐缘绿刺蛾、四点刺蛾、曲纹绿刺蛾，俗称洋辣子。属鳞翅目，刺蛾科。在我国大部分省区分布。能为害桃、李、杏、樱桃、苹果、枣、酸枣、梨、山楂、梅、栗、柑橘、石榴、核桃、柿等果树，也为害桑、柳等林木。

〔为害症状〕

以幼虫取食果树叶片，为害症状同黄刺蛾。

〔形态特征〕

1）成虫。体长约 16mm，翅展约 39mm。胸部背面为绿色，中央有 1 条褐色纵带，腹部背面灰黄色。前翅中间部分为绿色，翅基与外缘均为褐色（图 3-67）。后翅灰黄色。雌虫触角褐色丝状，雄虫触角基部 2/3 为短羽毛状。

图 3-67　绿刺蛾成虫

2）卵。扁椭圆形，长 1.3～1.5mm，数十粒排成卵块。初产时乳白色，渐变为黄绿至浅黄色。

3）幼虫。初孵幼虫黄色。老熟幼虫体长 24～27mm，身体翠绿色，背线黄绿至浅蓝色。前胸盾片上有 1 对黑斑，中胸至第八腹节各有 4 个瘤突，上生黄色刺毛束（图 3-68）。腹部末端有 4 个蓝

图 3-68　绿刺蛾幼虫

黑色毛瘤，腹面绿色。

4）蛹。卵圆形，长 13mm，黄褐色。蛹外包有暗褐色，长约 15mm 的丝茧。

【发生特点】

我国由北向南，1 年发生 1~2 代。以老熟幼虫在树干基部和浅土层内结丝茧越冬。5 月化蛹，5 月下旬羽化为成虫。成虫昼伏夜出，有趋光性。成虫产卵于叶片背面，数十粒排列成块。初孵幼虫聚集取食叶片，长大后分散，幼虫为害期为 6~9 月。10 月老熟幼虫入土结茧越冬。

【防治方法】

1）农业防治。幼虫发生期，田间发现后及时摘除带虫枝、叶，直接杀死幼虫，效果明显。

2）物理防治。5~8 月，利用绿刺蛾成虫的趋光性，田间设置黑光灯诱杀成虫。

3）其他防治。参见黄刺蛾的防治方法。

14. 桃剑纹夜蛾 >>>>

桃剑纹夜蛾［*Acronycta incretata*（Hampson）］又名苹果剑纹夜蛾，属鳞翅目，夜蛾科。广泛分布于我国各省，可为害桃、杏、李、梨、苹果、枣、核桃、山楂等果树。

【为害症状】

以幼虫取食果树叶片，低龄幼虫啃食叶片下表皮呈纱网状，长大后则把叶片吃出孔洞和缺刻。

【形态特征】

1）成虫。体长约 20mm，体色棕灰色，胸部有密而长的鳞毛，腹面灰白色。触角丝状，灰褐色。前翅灰褐色，翅面上有灰白色环纹和浅褐色肾状纹，肾状纹和环纹几乎相接，翅基角及近臀角和外缘处各有显著的黑褐色剑状纹。后翅浅灰褐色，外缘较深，后缘有黄褐色缘毛，翅脉浅褐色。雄成虫腹末分叉，雌虫腹部末端较尖。

2）卵。半球形，直径约1mm，乳白色，有放射状条纹。

3）幼虫。老熟幼虫体长35～40mm，体形细长，背线黄色，两侧的气门线为红色。腹部1节及尾端8节上各有1个毛疣状突起，腹部2～7节各节背面都生有1对黑斑，黑斑内有一大一小的白色斑点。遍体疏生细长毛，背部毛黑色，毛端部白色稍弯曲，身体两侧的毛灰白色，较短（图3-69）。

图3-69　桃剑纹夜蛾幼虫

4）蛹。长约20mm，深棕褐色，有光泽，腹末有8根刺，背面的2根较大。外面包有丝质薄茧。

〔发生特点〕

在东北、华北地区1年发生2代，以蛹在枝干皮缝或土壤中做茧越冬。越冬代成虫于5～6月发生，昼伏夜出，有趋光性。成虫分散产卵于叶面或枝条上，幼虫孵出后便取食叶片，一生可吃多个叶片，老熟后于落叶、近根部土缝及树洞等处化蛹。第2代成虫发生在7～8月，7月下旬开始出现第2代幼虫，9月开始陆续老熟进入越冬场所，结茧化蛹。

〔防治方法〕

1）农业防治。冬季结合防治其他病虫，清除杂草落叶，消灭越冬虫蛹。幼虫期，结合果园管理，发现后人工捕杀。

2）物理防治。夏季田间设置杀虫灯诱杀成虫。

3）化学防治。幼虫发生期间，结合防治其他害虫，喷洒4.5%高效氯氰菊酯乳油2000倍液。

提示　一般情况下，桃剑纹夜蛾发生数量较少，不需专门防治，可结合定期防治梨小食心虫、卷叶蛾等害虫时兼治该虫。

15. 舟形毛虫 >>>>

舟形毛虫〔*Phalera flavescens*（Bremer et Grey）〕又名苹果舟形毛虫、苹掌舟蛾、苹果天社蛾、举尾毛虫、举肢毛虫、秋黏虫。属鳞翅目，舟蛾科。寄主很多，不仅为害桃、李、杏、樱桃、苹果、梨、山楂、核桃、板栗等果树，还能为害樱花、紫叶李、柳树等多种阔叶林。广泛分布于我国大部分省区。

〔为害症状〕

初孵幼虫常群集叶片背面取食叶肉，将叶片食成半透明纱网状（图3-70）。幼虫长大后蚕食叶片（图3-71），仅剩叶脉和叶柄。虫量大时常将全树叶片吃光，严重削弱树势，影响花芽发育和果实生长。

图3-70　低龄幼虫为害症状

图3-71　高龄幼虫为害症状

〔形态特征〕

1）成虫。体长约25mm，翅展约50mm。体和前翅黄白色，前翅外缘有6个紫黑色新月形斑纹，排成一列，翅中部有浅黄色波浪状线纹4条，近基部中央有1个银灰色和褐色各半的椭圆形斑纹（图3-72）。后翅浅黄色，外缘杂有黑褐色斑。

图3-72　舟形毛虫成虫

2）卵。球形，直径约1mm，初产时浅绿色，近孵化时变为灰色，几十粒排列成整齐块状。

3）幼虫。老熟幼虫体长50mm左右。头黑色，有光泽，胸部背面紫黑色，腹面紫红色。身体两侧各有黄色至橙黄色纵条纹

3条，各体节生有黄色长毛丛（图3-73）。幼虫静止时首尾翘起似叶舟（图3-74），故称之为舟形毛虫。

图3-73　舟形毛虫老熟幼虫　　**图3-74**　舟形毛虫老熟幼虫静止状

4）蛹。体长约23mm，暗红褐色，全体密布刻点。

〔发生特点〕

舟形毛虫1年发生1代。以蛹在果树根部附近约7cm深的土层内越冬。第二年7月上旬至8月上旬羽化，7月中旬和下旬为羽化盛期。成虫白天隐蔽在树叶或杂草中，晚上交尾产卵，趋光性较强。初孵化幼虫在叶片背面群集成一排，头朝同一方向取食。幼虫白天多静伏休息，若受震动吐丝下垂，但仍可沿丝回到原先的位置继续为害。长大后分散为害叶片，白天不活动，早晚取食，常把整枝、整树的叶子吃光。幼虫期发生在8～9月，所以农民俗称它为"秋黏虫"。9月下旬至10月上旬老熟幼虫沿树干爬下，或吐丝下垂入土化蛹越冬。

〔防治方法〕

1）农业防治。冬季或早春结合施基肥翻树盘，将越冬蛹翻于土表，使其冻死或被风吹干。幼虫未分散前，及时剪掉带有幼虫的叶片，或振动树枝，使幼虫吐丝下坠到地面，将其除死。

2）灯光诱杀。成虫发生期，在田间空阔地方安放频振杀虫灯诱杀成虫（图 3-75）。

3）生物防治。低龄幼虫期，树上喷洒青虫菌粉 800 倍液，或 Bt 乳剂（100 亿个芽孢/mL）1000 倍液。

图 3-75　频振杀虫灯

4）化学防治。最好在低龄幼虫期喷药，选用的杀虫剂有 20% 氰戊菊酯乳油或 2.5% 溴氰菊酯乳油 2000 倍液。

16. 铜绿丽金龟 >>>>

铜绿丽金龟［*Anomala corpulenta*（Motschulsky）］又名铜绿金龟子、青金龟子、浅绿金龟子，俗名铜克螂，幼虫被称为蛴螬。全国各地均有发生。可为害桃、李、杏、苹果、海棠、梨、樱桃、核桃、板栗等果树，还为害花生、马铃薯和多种林木。

〔为害症状〕

以成虫夜间为害各种果树叶片，把叶片吃成缺刻或食光，特别是对幼树为害严重。

〔形态特征〕

1）成虫。长椭圆形，体长约 1.5cm。全身铜绿色，有闪亮光泽，头和胸部颜色稍深（图 3-76、图 3-77）。触角鳃叶状。鞘翅上有 4 条纵脉，肩部具疣突，翅面布满细密刻点。雌成虫腹面黄白色，雄成虫腹面黄褐色。

图3-76　铜绿丽金龟成虫　　　　图3-77　铜绿丽金龟夜间交尾

2）卵。椭圆形，长约1.8mm，卵壳光滑，乳白色（图3-78）。

3）幼虫。老熟幼虫体长30~33mm，乳白色，头黄褐色。静止时虫体呈C形弯曲（图3-79）。

图3-78　铜绿丽金龟卵　　　　图3-79　铜绿丽金龟幼虫

〔发生特点〕

该虫在北方1年发生1代，以老熟幼虫在土壤内越冬。第二年春季升温后，幼虫取食为害农作物地下根系、块茎，以及果苗和杂草的根系。成虫一般于5月中旬羽化，6月初成虫开始出土。在山东省中部，6月中旬至7月上旬是铜绿丽金龟成虫上树为害高峰期。成虫白天隐伏于灌木丛、草皮中或树冠下3～6cm表土层内，黄昏时出土，然后飞到果树上取食叶片，并进行交尾（图3-77），闷热无雨的夜晚活动最盛。成虫有假死习性和强烈的趋光性。出土后10天左右开始产卵，卵多散产在3～10cm深疏松土壤中。幼虫孵出后在土壤中取食花生荚果、马铃薯块、植物细根等。

〔防治方法〕

1）农业防治。成虫夜间上树取食、交尾期间，人工捕杀成虫。秋冬季节翻耕土壤，使幼虫裸露土表冻晒而死。猪、牛、鸡粪等厩肥，必须经过充分腐熟后方可施用。

2）物理防治。利用成虫的趋光性，成虫发生期于果园外面设置黑光灯或频振杀虫灯诱杀成虫。或把杀虫灯放置在喷药池、鱼塘上方。禁止把黑光灯放置在果树行间，导致金龟子对灯周围的果树为害更重（图3-80）。

图3-80 黑光灯诱杀金龟子

3）生物防治。在春季和秋季的幼虫发生期，地面喷洒或浇灌昆虫病原线虫或白僵菌（绿僵菌）液，使其寄生土壤内的幼虫（图3-81、图3-82）。

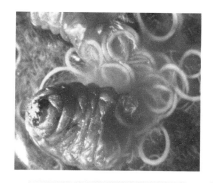

图 3-81　害虫体内繁殖的
昆虫病原线虫

图 3-82　昆虫病原线虫寄生的
蛴螬（左）和正常蛴螬（右）

4）化学防治。成虫发生期树冠喷布50％杀螟硫磷（杀螟松）乳油1000倍液。在树盘内或园边杂草内喷施40％辛硫磷乳油600~800倍液，施后浅锄入土，可毒杀大量潜伏在土中的成虫。

17. 桃蛀螟 >>>>

桃蛀螟［*Dichocrocis punctiferalis*（Guenee）］又称桃蛀野螟、桃斑螟、桃实虫、桃蛀虫，俗称蛀心虫。属鳞翅目，螟蛾科。全国各省均有分布。为害多种果树和植物，除为害桃树外，还为害杏、石榴、板栗、无花果、枇杷、龙眼、荔枝、向日葵、玉米等40余种植物。

〔为害症状〕

以幼虫蛀食桃果，由蛀孔分泌黄褐色的透明胶液，并将虫粪

97

堆积其上（图 3-83），果实内也充满虫粪（图 3-84），不堪食用，严重影响桃果产量和品质。

图 3-83　桃蛀螟为害状　　　图 3-84　桃蛀螟老熟幼虫

〔形态特征〕

1）成虫。体长 12mm 左右，翅展 25～28mm。全身橙黄色，上生多个黑斑，其中胸部背面黑斑数个，第 1、3、4、5 腹节背面各有 3 个黑斑。前翅和后翅均为黄色，翅表面分布许多黑色斑点，其中前翅 25～28 个，后翅 15～16 个（图 3-85）。

2）卵。长约 0.6mm，椭圆形，表面有圆形刻点（图 3-86）。初产卵时乳白色，后变红褐色。

图 3-85　桃蛀螟成虫　　　图 3-86　桃蛀螟卵

3）幼虫。初孵幼虫见图3-87。老熟幼虫体长约25mm，体色变化较大，为害桃果的多为暗红色（图3-84）。头和前胸背板褐色，各体节有明显的灰褐色毛片。

图3-87　桃蛀螟初孵幼虫

4）蛹。体长约13mm，开始为浅黄绿，后变为褐色，腹部5～7节上生有齿状突起，末端有细长卷曲状钩刺6根。

5）茧。长椭圆形，灰褐色。

〔发生特点〕

桃蛀螟在北方地区1年发生2～3代，长江流域1年发生4～5代。以老熟幼虫在树皮缝、树洞、向日葵花盘、玉米秸秆、贮栗场等多种场所越冬。越冬代成虫于第二年4月中旬至5月中旬发生，白天静伏于叶片背面阴暗处，夜间活动交尾产卵。卵散产于早熟桃果上，经1周左右孵化为幼虫。幼虫从果实肩部或胴部蛀入果内取食果肉，经15～20天幼虫老熟，于果内或果与枝叶相贴处结丝茧化蛹，经8天左右蛹羽化为第1代成虫。此代成虫于6月上旬至7月中旬发生，主要在中熟品种的桃果上产卵为害。第2、3代成虫继续在晚熟桃上产卵，并转移到板栗、向日葵花盘、晚玉米、枇杷花蕾上产卵。10月中旬和下旬，末代老熟幼虫爬到越冬场所结茧越冬。

〔防治方法〕

1）农业防治。冬季、早春及时处理向日葵花盘、枇杷烂花、玉米秸秆内及贮栗场等地方的越冬幼虫，减少虫源。

2）生物防治。在桃蛀螟越冬场所如玉米、向日葵秸秆和花盘堆积处喷洒白僵菌，使其寄生越冬幼虫。在成虫产卵期，田间释放玉米螟赤眼蜂。

3）诱杀成虫。利用桃蛀螟性诱剂诱杀雄成虫，或干扰成虫交配。

4）果实套袋。谢花后 20 天左右，树上均匀喷洒一遍灭幼脲＋多菌灵，待果实上的药液晾干后立即套桃果专用纸袋，避免成虫直接产卵于果实上，套袋时摘除病虫果和畸形果。

5）化学防治。于成虫产卵盛期，树上及时喷洒 25% 灭幼脲悬浮剂 2000 倍液或 35% 氯虫苯甲酰胺水分散粒剂 8000 倍液，或 2.5% 溴氰菊酯乳油 2000 ~ 3000 倍液。

18. 梨小食心虫 >>>>

梨小食心虫［*Grapholitha molesta*（Busck）］又称东方蛀果蛾、桃折心虫，简称"梨小"，俗称"打梢虫"。属鳞翅目，卷蛾科。我国分布广，在长江、黄河流域为害桃、梨甚重。主要为害桃、梨、枇杷、李、樱桃、苹果、杏、杨梅等果树。

【为害症状】

以幼虫蛀食为害果树新梢和果实，导致顶梢枯萎（图 3-88、

图 3-88　梨小食心虫为害桃梢初期症状

图 3-89 梨小食心虫为害桃梢后期症状

图 3-89）、果实腐烂脱落，严重影响果树生长和果品产量。初孵化后的幼虫很快钻入新梢和果实取食为害，所以蛀入孔很小，脱出孔稍大，虫道内有幼虫吐的丝和排泄的粪便。嫩梢受害后很快枯萎，俗称"折梢"，幼虫就转移到另一新的嫩梢上为害，每头幼虫可食害 3~4 个新梢。在为害桃、杏、李、樱桃新梢和果实时，蛀孔处有流胶现象（图 3-90）。

图 3-90 梨小食心虫为害桃果症状

〔形态特征〕

1）成虫。身体暗褐或灰黑色，体长 4.6~6.0mm，触角丝状。前翅深灰褐色，前缘上有 10 组白色短斜纹，翅面中部有 1 个小白点，近外缘处约有 10 个小黑斑（图 3-91）。后翅浅灰褐色，腹部灰褐色。

2）卵。扁椭圆形，直径 0.5 ~ 0.8mm（图 3-92）。初产呈乳白色半透明，后变浅黄白色，孵化前变成黑褐色。

3）幼虫。低龄幼虫体白色，头及前胸背板黑色（图 3-93）。老熟幼虫体长 10 ~ 13mm，浅红至桃红色，头部黄褐色，体表比较光滑（图 3-94）。

图 3-91 梨小食心虫成虫

图 3-92 梨小食心虫卵

图 3-93 梨小食心虫低龄幼虫

图 3-94 梨小食心虫老熟幼虫

4）蛹。长7~8mm，黄褐色（图3-95）。雌雄虫蛹腹部腹面看到的节数不同，雄虫4节，雌虫3节。

5）茧。白色丝质，长椭圆形，长约10mm。

〔发生特点〕

我国由北至南，年发生代数逐渐增加。东北和西北地区1年发生3~4

图3-95　梨小食心虫蛹

代，山东和河南省1年发生4~5代，安徽省北部发生5~6代，华南地区1年发生6~7代。以老熟幼虫在果树枝干裂皮缝隙、主干根颈周围表土等处结茧越冬。第二年3月下旬至4月上中旬越冬幼虫开始化蛹，桃树发芽后成虫出现。成虫常白天静伏，傍晚和夜间活动交配产卵，卵产于新梢的中上部叶片背面和果面。在北方果区，梨小食心虫成虫对寄主果树叶片的产卵偏好由高至低依次为桃、樱桃、苹果、李、梨、海棠、杏，所以桃与苹果、梨树混栽时，前两代幼虫主要为害桃梢，后面几代幼虫主要为害桃、梨、苹果的果实。近年，多数桃、梨、苹果实施套袋技术，成熟期摘袋后梨小食心虫产卵于果实表面，导致在贮运过程中为害严重，油桃的受害程度重于毛桃。

〔防治方法〕

1）农业防治。生长期间及时摘除受害新梢、果实，集中处理灭杀内部的幼虫。越冬幼虫脱果以前，在主枝、主干上束草把或废旧果袋诱集越冬幼虫，冬季或早春结合清园取下烧掉。幼果期，及时套果袋阻隔梨小食心虫产卵。

2）诱杀成虫。在桃树开花前，将梨小食心虫性信息素迷向丝悬挂于果树西面或南面树冠的1/3处，每亩33根。迷向作用可以持续发挥6个月，在一个果树生产季内无须更换。采用该技术的果园面积越大，效果越好，最小的使用面积应不低于30亩。

>>>>>>>>>>>

3）生物防治。田间卵发生期，释放松毛虫赤眼蜂防治，一般 4～5 天放蜂 1 次，连续释放 3～4 次。

4）化学防治。当桃园蛀梢率达 0.5%～1% 时喷药，喷药时间应在成虫产卵期和幼虫孵化期。药剂可选用 35% 氯虫苯甲酰胺水分散粒剂 8000 倍液，或 1% 甲维盐乳油 2500 倍液，或 25% 灭幼脲悬浮剂 2500 倍液，或 2.5% 高效氯氟氢菊酯乳油 1500～3000 倍液。

19. 茶翅蝽 >>>>

茶翅蝽［*Halyomorpha picus*（Fabricius）］又称臭木蝽象、臭蝽象、臭板虫、臭妮子、臭大姐。属半翅目，蝽科。近年来为害果树日趋严重，国内除新疆、西藏、宁夏、青海无报道外，其他各省、区均有分布。食性很杂，可为害桃、杏、樱桃、李、梅、苹果、梨、枣、石榴等多种果树，还为害多种林木、花卉、蔬菜、豆类和农作物。

【为害症状】

茶翅蝽以成虫和若虫刺吸为害桃树嫩梢、叶片、花蕾和果实，叶和梢被害后症状不明显，但被害处容易流胶；花蕾受害后脱落，影响坐果率；果实被害后刺吸部位果肉变硬并木栓化，发育停止而下陷，果面凹凸不平，形成畸形果或猴头果（图 3-96）。

图 3-96　茶翅蝽为害桃果症状

【形态特征】

1）成虫。身体茶褐色，扁椭圆形，体长约 15mm，宽约

8mm。前胸背板、小盾片和前翅革质上分布多个黑褐色刻点，前胸背板前缘横列4个黄褐色小点，小盾片基部横列5个小黄点，腹部两侧黄色斑点明显。触角黄褐色至褐色，第4节两端及第5节基部黄色（图3-97）。腹部有臭腺，受到惊扰后即分泌臭液自卫，臭味很浓。

2）卵。短圆筒形，直径1mm左右，有假卵盖，卵壳表面光滑（图3-98）。初产卵灰白色，孵化前变成黑褐色，20～30粒排成1块。

3）若虫。初孵若虫近圆形，头胸部深褐色，腹部黄白色（图3-99）。长大后变黑褐色，腹部浅橙黄色，各腹节两侧节间有1个长方形黑斑，共8对；老熟若虫与成虫相似，无翅，腹部背面有6个黄色斑点，触角和足上有黄白色环斑（图3-100）。

图3-97 茶翅蝽成虫　　　　　　图3-98 茶翅蝽卵

图3-99 茶翅蝽初孵化虫　　　　图3-100 茶翅蝽老熟若虫

〔发生特点〕

茶翅蝽 1 年发生 1~2 代，以受精的雌成虫在果园内及附近建筑物的缝隙、土缝、石缝、树洞内越冬。第二年桃树萌芽时开始出蛰活动，上树为害嫩梢、花蕾和果实。6 月产卵于叶片背面，数个卵粒排成 1 块。6 月中下旬为卵孵化盛期，8 月中旬为第 1 代成虫发生盛期。第 1 代成虫可很快产卵，并发生第 2 代若虫。10 月以后成虫陆续进入越冬场所越冬。成虫和若虫受到惊扰或触动时，即分泌臭液，并迅速逃逸。越冬代成虫平均寿命为 301 天。

〔防治方法〕

1）农业防治。秋冬季节，在果园附近的建筑物内，尤其是屋檐下常聚集大量成虫，在其上爬行或静伏，可人工捕杀。果树谢花后及早套上果袋（最好是纸袋），阻隔成虫刺吸为害。成虫产卵期查找卵块并摘除。

2）生物防治。茶翅蝽的天敌有很多，主要有寄生蜂、小花蝽、三突花蛛、蠋蝽等。在卵期，田间释放人工繁殖平腹小蜂可以寄生茶翅蝽卵。

3）化学防治。在成虫越冬期，将果园附近空屋及果园内的看护房密封，用敌敌畏烟雾剂进行熏杀。田间虫量大时，在幼虫、若虫发生期，树上均匀喷药防治。药剂可选用 2.5% 功夫菊酯乳油 2500~3000 倍液、4.5% 高效氯氰菊酯乳油 1500~2000 倍液等。

20. 白星花金龟 >>>>

白星花金龟［*Potosia brevitarsis*（Lewis）］又名白星金龟子、白星花潜、白纹铜花金龟、短附星花金龟，俗称成虫为花铜克螂，幼虫为蛴螬。属鞘翅目，花金龟科。主要为害桃、杏、李、苹果、梨、葡萄、柑橘等果树，还为害林木、玉米、向日葵等多种植物。

【为害症状】

以成虫为害成熟的桃果实，常十余头聚集在一个果实上取食果肉，被害部位成大洼坑状。果实被害后，腐烂脱落。

【形态特征】

1）成虫。体长 20～24mm，椭圆形，背面扁平。身体黑紫铜色或青铜色，体表光亮或微有绿或紫色光泽，前胸背板和鞘翅上散布不规则白色斑纹多个（图3-101）。腹部光滑，铜褐色，1～4节近边缘和3～5节两侧中央有白色斑点。

图3-101　白星花金龟成虫

2）卵。圆形至椭圆形，长 1.7～2mm，乳白色。

3）幼虫。老熟幼虫体长 24～39mm，乳白色，身体柔软肥胖，体表多皱纹，腹部末节膨大。

4）蛹。裸蛹，初化蛹为白色，羽化前变成黄褐色。

【发生特点】

该金龟1年发生1代，以幼虫潜伏在腐殖质比较丰富的土壤内越冬。5月上中旬老熟幼虫化蛹，羽化为成虫。6～7月为成虫发生为害盛期，成虫多在上午10点至下午4点活动，喜食成熟果实，常多头群集在烂果皮上吸食汁液，受惊扰即迅速飞起。成虫有假死性，对糖醋液或苹果、桃的果醋味趋性强。成虫产卵于土壤、堆肥、柴草垛、陈旧秸秆堆或鸡粪中。幼虫孵化后以腐败物为食，如果遇大雨，幼虫常爬出土表，背面贴地，腹面朝上蠕动而行。幼虫老熟后做土室化蛹。

〔**防治方法**〕

1）农业防治。在果园内及附近不堆积粪肥、烂草和植物秸秆。成虫发生期，田间发现成虫时，及时人工捉拿和捕杀。

2）诱杀成虫。根据白星花金龟成虫对糖醋液的趋性，采集熟透又无商品价值的桃果实 2～3 个，与少许红糖一起放入 40～50cm 深的光滑塑料桶底部，把桶放置在果园内，引诱成虫飞入桶内取食，而不能爬出，然后集中灭杀。下午 3～4 点诱杀效果最佳。

3）生物防治。在春季和秋季的幼虫发生期，地面喷洒或浇灌昆虫病原线虫或白僵菌（绿僵菌）液，使其寄生于土壤内的白星花金龟幼虫。

21. 康氏粉蚧 >>>>

康氏粉蚧〔*Pseudococcus comstocki*（Kuwana）〕又名梨粉蚧、桑粉蚧。属同翅目，粉蚧科。在我国广泛分布。为害桃、梨、苹果、葡萄、杏、李、梅等多种果树。

〔**为害症状**〕

以成虫、若虫刺吸果实、叶片、嫩枝汁液。嫩枝被害后，常肿胀，树皮纵裂而枯死。被害果实生长发育受阻，果面很脏（图 3-102），严重降低果品质量。特别是套袋的桃果容易发生康氏粉蚧，虫体多集中在果实梗洼处取食。

〔**形态特征**〕

1）成虫。雌成虫呈扁椭圆形，体长为 3～5mm。身体为粉红色，表面覆有白色蜡粉，体缘有 17 对白色蜡丝，最末 1 对特长，接近体长。雄成虫体长约为 1mm，体紫褐色，翅透明。

2）卵。椭圆形，长约为 0.3mm，浅橙黄色。数十粒集成 1 块，外覆白色蜡粉，形成白絮状卵囊。

3）若虫。体扁椭圆形，长约为 0.4mm，浅黄色，外形似雌成虫，体表有蜡粉（图 3-103）。

4）蛹。仅雄虫有蛹，长约 1.2mm，浅紫色，触角、翅和足均外露。

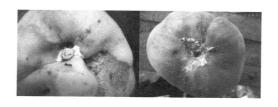

图 3-102　康氏粉蚧为害症状

图 3-103　康氏粉蚧若虫

〔发生特点〕

该虫 1 年发生 2～3 代，以卵在树皮缝隙或石块、土缝中越冬。桃树发芽时，越冬卵孵化为若虫。第 1 代若虫发生盛期在 5 月中下旬；第 2 代在 7 月中下旬；第 3 代在 8 月下旬。雌雄成虫交尾后，雌成虫爬到枝干粗皮裂缝内或果实梗洼处产卵，有的将卵产在树下表土内。成虫产卵时分泌棉絮状蜡质卵囊，卵产在卵囊内。

因该虫喜欢生活在阴暗潮湿处，故果实套袋为该虫提供了适宜场所，导致套袋果实上的康氏粉蚧发生为害程度较重。

〔防治方法〕

1）农业防治。果实套袋时，扎紧袋口，阻止害虫进入袋内为害果实。

2）化学防治。第 1 代若虫发生盛期，树上喷洒 5% 吡虫啉乳油 2000 倍液或 5% 高效氯氰菊酯乳油 2000 倍液。套袋果品一定要在套袋前和套袋后专门喷药防治该蚧壳虫。

　　提示　套袋桃果在套袋前一定要往树上喷药消灭康氏粉蚧，药液干后立即套袋，最好当天喷药当天套袋，严防康氏粉蚧爬上果实和进入袋内。

22. 桑盾蚧 >>>>

　　桑盾蚧〔*Pseudaulacaspis pentagona*（Targioni-Tozzetti）〕又名桑白蚧、桑白盾蚧、桑蚧壳虫、桃蚧壳虫，俗名树虱子。属同翅目，盾蚧科。在我国分布范围广，发生为害较重。主要为害桃、李、杏、樱桃等核果类果树，还为害枇杷、梨、葡萄、柿、桑树等。

【为害症状】

　　若虫和雌成虫聚集固定在枝条上，刺吸汁液（图3-104）。2～3年生枝条受害最重，严重时整个枝条被虫体覆盖起来呈灰白色（图3-105）。受害重的枝条和树体生长不良，甚至枯萎死亡。

图3-104　桑白蚧为害症状　　　图3-105　桑白蚧为害症状

〔形态特征〕

1）成虫。雌成虫呈宽卵圆形，体长为 1.0 ~ 1.3mm，橙黄色或浅黄色，头部为褐色三角状（图 3-106 左图）。体表覆盖灰白色近圆形蜡壳，壳长为 2.0 ~ 2.5mm，背面隆起，壳点黄褐色（图 3-106 右图）。雄成虫的蚧壳长为 1 ~ 1.5mm，灰白色，长筒形，背面有 3 条隆脊，壳点呈橙黄色，位于前端。

2）卵。椭圆形，长为 0.22 ~ 0.3mm，橙色或浅黄褐色（图 3-107）。

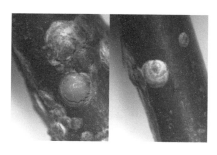 

图 3-106 桑白蚧越冬雌成虫　　　　**图 3-107** 桑白蚧虫卵

3）若虫。扁椭圆形，长为 0.3mm 左右，初孵时浅黄褐色，有触角和足，能爬行，无蜡壳。2 龄若虫的足消失，逐渐分化成雌雄虫，有蜡壳。

〔发生特点〕

我国由北至南，1 年发生 2 ~ 5 代。以受精雌成虫在枝条上越冬。第二年桃树花芽萌动后，越冬雌成虫开始吸食枝条汁液。四川龙泉 3 月下旬至 4 月中旬，成虫产卵于蚧壳下。一头雌虫产卵 40 ~ 400 粒，4 月上旬至下旬出现第 1 代若虫。若虫爬行在母体附近的枝干上吸食汁液，固定后分泌白色蜡粉，形成蚧壳。10 月出现末代成虫，雌、雄成虫交尾后，雄虫死去，留下受精的雌成虫在枝条上越冬。

〔防治方法〕

1）农业防治。冬季用硬毛刷刮除枝条上的越冬虫体。

2）生物防治。红点唇瓢虫（图3-108）是其主要捕食性天敌，应注意保护和利用。

3）化学防治。早春桃树发芽以前，树上喷洒5波美度石硫合剂，或90%机油乳剂50倍液。越冬代卵孵化盛期即若虫分散期，树上喷施2.5%高效氯氢菊酯1500倍液，或2.5%溴氰菊酯

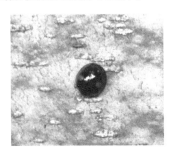

图3-108　红点唇瓢虫成虫

乳油3000倍液，或3%啶虫脒乳油2000倍液。对于早熟桃，应在收获后喷洒一遍吡虫啉药液防治蚧壳虫和叶蝉，把所有枝干和叶片都喷洒均匀。

23. 桃球蚧 >>>>

桃球蚧〔*Didesmococcus koreanus*（Borchs）〕又名朝鲜球坚蚧、桃球坚蚧。属同翅目，坚蚧科。我国分布广泛，主要为害桃、杏、李、梅、樱桃、苹果、梨等果树。

〔为害症状〕

若虫及雌成虫群集固着在枝干上，吸食汁液（图3-109）。被害枝条生长衰弱，严重时枯死。

〔形态特征〕

1）成虫。雌成虫身体呈半球形，直径约为4mm，高为

112

3.5mm，初期蚧壳软、黄褐色，后期硬化，红褐至黑褐色，表面有皱状小刻点（图3-108）。雄成虫的蚧壳长扁圆形，长约为2mm，白色半透明，表面光滑。

2）卵。长椭圆形，长约0.3mm，橙黄色，表面覆有少量白色蜡粉（图3-110）。

3）若虫。初孵若虫体长约为0.5mm，浅粉红色，腹部末端有2条细长尾毛。越冬后的若虫浅褐色，尾毛消失，体表覆有灰色蜡层。

图3-109 桃球蚧为害症状

图3-110 桃球蚧卵

〔发生特点〕

该虫1年发生1代，以2龄若虫（体表覆有灰色蜡层）在小枝条上越冬。桃树萌芽时越冬虫体开始爬行寻找新的部位，固着刺吸为害枝条。取食后身体逐渐长大，分化发育成雌、雄成虫。雌成虫背部膨大呈近球形蚧壳，雄虫则分泌白色蜡质，形成瘦长形蚧壳，经过拟蛹期羽化为成虫。雄成虫的羽化盛期在桃树果实膨大期，然后与雌成虫交配。交配后雌成虫迅速膨大，并产数百粒卵于蚧壳下。经10天左右，卵孵化。6月上旬初孵若虫从母体蚧壳下爬出，分散到枝条上固着为害，并分泌蜡质覆盖于体表。10月上旬开始进入越冬状态。全年 4 月下旬至 5 月上旬为害最严重。

〔防治方法〕

同桑盾蚧。

提示　黑缘红瓢虫是其主要捕食性天敌（图 3-111、图 3-112），在春季对桃球坚蚧的控制能力很强，应注意保护和利用。

孙广清　摄

图 3-111　黑缘红瓢虫幼虫
取食桃球蚧

图 3-112　黑缘红瓢虫蛹
和刚羽化的成虫

24. 草履蚧 >>>>

草履蚧〔*Drosicha corpulenta*（Kuwana）〕又名草履硕蚧、草鞋蚧壳虫，俗名大树虱子。属同翅目，硕蚧科。在我国多数果区分布，可为害桃、樱桃、苹果、梨、柿、核桃、枣等多种果树，也为害多种林木。

【为害症状】

雌成虫及若虫群集于枝干上，吸食汁液，刺吸寄主的嫩芽和嫩枝，导致树势衰弱，发芽推迟，叶片变黄。严重时引起早期落叶、落果，甚至枝梢枯死。

【形态特征】

1）成虫。雌成虫呈扁椭圆形，体长约为10mm，形似鞋底状，背面隆起。身体黄褐色至红褐色，外周浅黄色（图3-113）。触角鞭状，足黑色。雄成虫体长约为5mm，翅展约为10mm，头及胸部黑色，触角鞭状（图3-114），腹部浓紫色，翅浅黑色，上有2条白色绒毛状条纹。

图3-113　草履蚧雌成虫

图3-114　草履蚧雌雄成虫交配

2）卵。近扁球形，直径约为1mm，红黄色。卵产于卵囊内，卵囊为白色绵絮状物。

3）若虫。与雌成虫相似，但个体小，颜色稍深。

4）蛹。属裸蛹，圆筒状，长约5mm，褐色，外被白色绵状物。

〔发生特点〕

该虫 1 年发生 1 代，以卵在树干基部附近的土壤中越冬。在山西、陕西等地，越冬卵大部分于第二年 2 月中旬至 3 月上旬孵化。孵化后的若虫，先停留在卵囊内，待寄主萌动后，开始上树为害。一般 2 月底若虫开始上树，3 月中旬为上树为害盛期，4~5 月初为害最重。若虫上树多集中于上午 10 点至下午 2 点，顺树干向上爬至嫩枝、幼芽、叶片等处吸食为害，虫体较大后则在较粗的枝上为害。1 龄若虫为害期长达 50~60 天，经 2 次脱皮后雌、雄虫分化。5 月上旬出现成虫并进行交配（图 3-114），交配后的雌成虫仍继续停留在树上为害一段时间。5 月上中旬雌成虫开始下树入土，分泌卵囊产卵。每头雌成虫产卵 50~70 粒，以卵越夏和越冬。

〔防治方法〕

1）物理防治。在树干上涂粘虫胶环。2 月初在树干基部涂抹宽约 10cm 的粘虫胶。粘虫胶可利用废机油 1kg 加入沥青 1kg，溶化混匀后使用，也可购买商品化的粘虫胶直接涂抹使用，隔 10~15 天涂抹 1 次，共涂 2~3 次。

2）化学防治。草履蚧发生严重的果园，从 2 月底或 3 月初开始，对果树的主干或枝条进行喷药，5~7 天喷 1 次，连喷 3~4 次。药剂选用 4.5% 高效氯氰菊酯乳油 2000 倍液，或 40% 辛硫磷乳油 800 倍液。

25. 橘小实蝇 >>>>

橘小实蝇〔*Bactrocera dorsalis*（Hendel）〕又名柑橘小实蝇。属双翅目，实蝇科。可为害桃、蒲桃、阳桃、柑橘、香蕉、芒果、番石榴、番荔枝、枇杷、梨、枣等 200 余种果实。目前，主要在我国南部省份发生，北部省、市发现的橘小实蝇多是由果实运输携带而来，文献报道长江以北该虫不能越冬。

〖为害症状〗

橘小实蝇以幼虫（蛆虫）在桃果内取食果肉，造成桃果腐烂脱落（图3-115），影响果实产量和品质，甚至绝产。受害果实内有几头至10余头白色蛆虫。

〖形态特征〗

1）成虫。全体深黑色和黄色相间，体长为7～8mm。翅透明，翅脉黄褐色，有三角形翅痣。胸部背面大部分黑色，但黄色的"U"字形斑纹十分明显。腹部黄色，第1、2节背面各有1条黑色横带，从第3节开始中央有一条黑色的纵带直抵腹端，构成一个明显的"T"字形斑纹（图3-116）。

图3-115　橘小实蝇幼虫及为害状

陈汉杰　摄

图3-116　橘小实蝇雌成虫

2）卵。梭形，长约为1mm，乳白色（图3-117、图3-118）。

3）幼虫。老熟幼虫为黄白色蛆，无头无足，体长约为10mm（图3-115）。

4）蛹。为围蛹，黄褐色，长约为5mm。

117

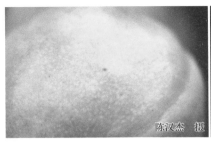 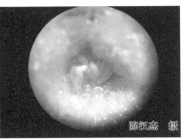

陈汉杰 摄　　　　　　　　陈汉杰 摄

图 3-117　橘小实蝇产卵孔　　　　图 3-118　橘小实蝇卵

〔发生特点〕

该虫在华南地区 1 年发生 3~5 代，无明显的越冬现象，田间世代发生重叠。成虫羽化后需要补充较长时间的营养才能交配产卵，卵产于将近成熟的果皮内，每处 5~10 粒（图 3-118）。每头雌虫产卵量为 400~1000 粒。卵期夏秋季为 1~2 天，冬季为 3~6 天。幼虫孵出后即在果实内取食果肉，虫体不断长大，被害果常早熟、早落，果肉腐烂。幼虫老熟后从果实内脱出落入土壤化蛹，深度为 3~7cm。成虫从土壤中羽化出来，飞到好果上继续产卵为害。

〔防治方法〕

1）人工防治。随时拣拾树下落果和摘除树上烂果，集中装入黑色厚塑料袋内暴晒闷杀虫体。但切勿浅埋，以免害虫仍能羽化。

2）诱杀成虫。甲基丁香酚（Methyl eugenol）引诱剂：将浸泡过甲基丁香酚（即诱虫醚）加3%马拉硫磷或二溴磷溶液的蔗渣纤维板小方块悬挂树上，每平方千米 50 片，在成虫发生期。水解蛋白毒饵：取酵母蛋白 1000g、25% 马拉硫磷可湿性粉

3000g，兑水 700kg 于成虫发生期进行点状或带状喷雾树冠。

3）化学防治。若发生数量大，可使用触杀性或胃毒性杀虫剂进行树体喷药，可在药液中加2%～5%的红糖，提高防效。

26. 桃仁蜂 >>>>

桃仁蜂〔*Eurytoma maslovskii*（Nikolskaya）〕又名太谷桃仁蜂，属膜翅目，广肩小蜂科。该虫为害桃、杏、李等果树，分布于我国山东、山西、河北、辽宁等省。

【为害症状】

幼虫在发育中的桃核内蛀食桃仁，仅留部分种皮，被害桃果逐渐萎蔫（图3-119），干缩成灰黑色僵果提前脱落或一直挂在树上（图3-120），严重降低桃果、桃仁产量，甚至绝产。

孙广清 摄

图3-119 桃仁蜂为害症状 　图3-120 桃仁蜂为害形成的僵果

【形态特征】

1）成虫。雌成虫体长 7～8mm，全身黑色。头胸部密生刻点和白色细毛，翅透明，仅1条翅脉，各足腿节端部、胫节两端及跗节均为黄褐色，腹部肥大，产卵器端部黄褐色。雄虫体略小，腹部较小，第1节细长，呈柄状，以后各节略呈圆形，似锤状（图 3-121）。

2）卵。长椭圆形，长为 0.35mm，略弯曲，前端有 1 个短柄向后弯曲。初产卵为乳白色，近孵化时呈浅黄色。

3）幼虫。老熟幼虫体为乳白色，纺锤形，体长约为 7mm，两端向腹面弯曲（图 3-122）。头浅黄色，大部分缩入前胸内，口器褐色坚硬。

图 3-121 桃仁蜂成虫

图 3-122 桃仁蜂幼虫

4）蛹。纺锤形，长约 7mm，初期为乳白色，渐变为黄褐色（图 3-123），羽化前呈黑褐色。

图 3-123 桃仁蜂蛹

〔发生特点〕

该虫 1 年发生 1 代，以老熟幼虫于被害果核内越冬。第二年 4 月中旬，越冬幼虫开始化蛹。5 月中旬开始羽化为成虫，当桃果长成大花生米大小时，为成虫发生盛期，并产卵于幼果内，每果产 1 粒卵。孵出的幼虫即在桃仁内蛀食，幼虫为害期约 40 天，至桃仁蜡熟时（7 月中下旬）幼虫老熟，此时桃仁多被食尽，仅残留部分仁皮，幼虫留在果核内越夏越冬。

〔防治方法〕

1）农业防治。秋季桃树落叶后，彻底清理桃园，拣拾地上落果及摘除树上僵桃，集中烧毁或倒入沼气池。

2）化学防治。成虫发生期，树上喷洒 4.5% 高效氯氰菊酯乳油 2000 倍液，或喷洒 1.8% 阿维菌素乳油 2000 倍液。

27. 桃小蠹 >>>>

桃小蠹〔*Scolytus seulensis*（Murayama）〕又名桃小蠹甲、多毛小蠹，属鞘翅目，小蠹甲科，分布于山东、山西、河南、陕西、四川等省份。主要为害桃、樱桃、杏、李、梅等树。

〔为害症状〕

成虫喜欢在衰弱枝干的皮层蛀孔（图 3-124），于韧皮部与木质部间蛀母坑道取食；幼虫于母坑道两侧横向蛀食子坑道，严重影响树体养分输送，阻碍生长甚至造成枝干或整树死亡（图 3-125）。

图 3-124　桃小蠹为害症状

图 3-125　桃小蠹为害
形成的虫道

〔形态特征〕

1）成虫。体长约 4mm，身体黑色，鞘翅暗褐色有光泽。头短小，额面雄虫平凹，雌虫稍突起。身体密布细刻点，鞘翅上有纵刻点列 20 条，列间有稀疏竖立的黄色刚毛列。触角呈锤状。

2）卵。椭圆形，长约 1mm，乳白色。

3）幼虫。体长 4～5mm，乳白色、肥胖，身体略向腹面弯，无足。头较小，黄褐色，口器色深（图 3-126）。

4）蛹。裸蛹，体长为 4mm，初期为乳白色，后渐变为深色，羽化前同成虫体色。

〔发生特点〕

1 年发生 1 代，以幼虫于受害枝干的坑道内越冬。翌春老熟幼虫于子坑道端蛀圆筒形

孙广清　摄

图 3-126　桃小蠹幼虫

蛹室化蛹。成虫羽化后咬圆形羽化孔爬出树干。5~6月成虫于田间活动，交配后多选择衰弱的枝干蛀入皮层，于韧皮部与木质部间蛀成纵向母坑道，并产卵于母坑道两侧。孵化后的幼虫分别在母坑道两侧横向蛀子坑道，略呈"非"字形，初期互不相扰近于平行，随虫体增大，坑道弯曲成混乱交错。秋后以幼虫于坑道端越冬。

成虫有假死性，迁飞性不强，就近在半枯枝或幼龄桃树嫁接未愈合部产卵。树势衰弱和田间堆放修剪的果树枝干，可加重该虫的发生。

〔防治方法〕

1）农业防治。加强栽培管理，合理施肥灌水和留果，增强树势。结合修剪，彻底剪除有虫枝和衰弱枝，集中处理并远离果园堆放。

2）诱杀防治。成虫发生初期，田间放置半枯死或整枝剪掉的树枝，诱集成虫产卵，产卵后集中处理，效果明显。

3）化学防治。在成虫发生期用50%辛硫磷乳油1200~1500倍液，或80%敌敌畏乳油1500倍液，或2.5%溴氰菊酯乳油1500~2000倍液，或4.5%高效氯氰菊酯1500~2000倍液喷洒树体，重点喷枝干，灭杀成虫。半月喷1次，连续喷2~3次。

28. 桃红颈天牛 >>>>

桃红颈天牛〔*Aromia bungii*（Faldermann）〕又名红颈天牛，俗称铁炮虫、哈虫。属鞘翅目，天牛科。我国绝大部分省区有分布。主要为害桃、杏、李、梅、樱桃等核果类果树。

〔为害症状〕

以幼虫钻蛀为害桃树枝干，在枝干内形成蛀道，并在表皮有排粪孔（图3-127左图），排出大量红褐色木屑状粪便。由于破坏了木质部和韧皮部（图3-127右图），影响树体水分和养料的输送，导致树势急剧衰弱，甚至枯死。为害所造成的伤口还容易感染病菌而引起枝干病害和流胶。

〖形态特征〗

1）成虫。虫体呈黑色，有光泽，体长为26～37mm。前胸背面红色（所谓红颈），两侧缘各有1个刺状突起，背面有4个瘤突。触角丝状，蓝紫色。鞘翅翅面光滑，前基部比胸宽，后端部渐狭（图3-128）。

图3-127　桃红颈天牛为害症状　　　　图3-128　桃红颈天牛成虫

2）幼虫。老熟幼虫体长40～50mm，乳白色（图3-129），近老熟时为黄白色，体两侧密生黄棕色细毛。前胸较宽广，背板前半部横列4个黄褐色斑块。

3）卵。长椭圆形，长为3～4mm，乳白色。

图3-129　桃红颈天牛幼虫

4）蛹。为裸蛹，体长为25～36mm，黄白色，近羽化时变成黑色，前胸两侧和前缘中央各有1个突起。

[发生特点]

该天牛在北方 2 年完成 1 代，以幼虫在树干蛀道内越冬 2 次。春季萌芽期开始活动为害，成虫于 5～8 月间出现，各地成虫出现期自南至北依次推迟，山东成虫于 7 月上旬至 8 月中旬出现。成虫飞翔能力较差，晴天中午常静伏在枝条上休息，或交尾。成虫在离地表约 1.2m 以内的主枝或主干表皮裂缝处产卵，其中在距地面 35cm 左右处的树干上产卵最多。卵期为 8～9 天，孵出的幼虫直接在皮下蛀食为害，蛀道呈弯曲状条槽。当年完成 1、2 龄，以 3 龄幼虫在韧皮部和木质部之间的虫槽里越冬。第二年春季又开始活动为害，向木质部钻蛀，并向蛀孔外排出大量锯末状虫粪，堆积在树干基部。当幼虫蛀入木质部时，先向髓部蛀食，然后向上蛀食，一生钻蛀隧道全长约 50～60cm。发育成 5 龄幼虫后，在虫道或羽化室里越冬。第三年 5～6 月间，滞育的老熟幼虫开始化蛹，蛹期为 20～25 天，然后羽化为成虫出来。

[防治方法]

1）农业防治。成虫发生期，中午在田间扑杀树上的成虫。果树生长季节，于田间查找新虫孔，用铁丝钩掏杀蛀孔内的幼虫。

2）树干涂白。成虫产卵前，在主干基部涂白涂剂（生石灰 10 份、硫黄 1 份、食盐 0.2 份、动物油 0.2 份、水 40 份），防止成虫产卵。

3）生物防治。用注射器把昆虫病原线虫悬浮液灌注到蛀孔内，使线虫寄生天牛幼虫。

4）化学防治。在离地表 1.5m 范围之内的主干和主枝上，于成虫出现高峰期后 1 周开始，用 40%辛硫磷乳油 800 倍液喷树干，10 天后再喷 1 次，毒杀卵和初孵幼虫。对蛀孔内较深的幼虫用磷化铝毒签塞入蛀孔内（图 3-130），或者用注射器向孔内注入 80%敌敌畏乳油 5～10 倍液，并用黄泥封闭蛀孔口。

29. 黑蚱蝉 >>>>

黑蚱蝉（*Cryptotympana atrata Labrcius*）又名蚱蝉、知了，属同翅目，蝉科，为害多种果树、林木。

【为害症状】

图3-130 利用毒签防治桃红颈天牛

雌成虫在当年生枝梢上刺穴产卵，使枝梢皮下木质部呈斜线状裂口（图3-131），严重影响水分和养分的输送，造成上部枝梢枯干死亡（图3-132）。

图3-131 桃枝条上的黑蚱蝉产卵部位

图3-132 黑蚱蝉为害造成的死梢

【形态特征】

1）成虫。体长为40～48mm，全体呈黑色，有光泽。头部前缘及额顶各有黄褐色斑1块。中胸背面宽大，中央高突，有X形突起。前后翅透明，基部翅脉为金黄色（图3-133）。雄虫有鸣器。雌虫无鸣器，产卵器明显。

2）卵。长椭圆形，长约为2.5mm，乳白色，有光泽（图3-134）。

3）若虫。老熟若虫黄褐色，有光泽，具翅芽，前足发达，有齿刺（图3-135、图3-136）。

图3-133　黑蚱蝉成虫

图3-134　黑蚱蝉卵

图3-135　黑蚱蝉老熟若虫

图3-136　黑蚱蝉若虫蜕皮

〔发生特点〕

4～5年完成1代，以卵和若虫分别在被害枝内和土壤中越冬。越冬卵于6月中旬和下旬开始孵化，7月初结束。当夏季平均气温达22℃以上时，老熟若虫于夜晚从土壤中爬出地面，顺树干爬行。老熟若虫出土盛期为晚上8～10点，当晚蜕皮羽化出成虫。雌成虫于 7~8 月先刺吸树木汁液，进行一段时间的营养补充，之后交尾产卵。选择嫩梢产卵，产卵时先用腹部产卵器刺破树皮，然后产卵于木质部内。产卵孔排列成一长串，每卵孔内有卵 5~8 粒。经产卵受害枝条，产卵部位以上枝梢很快枯萎。

枯枝内的卵需落到地面潮湿的地方才能孵化。初孵若虫在地面爬 10min 后钻入土中，吸食植物根系养分为生。若虫在地下生活 4 年或 5 年。每年 6~9 月脱皮 1 次。若虫在地下的分布以 10~30cm 深度最多，最深可达 80~90cm。

〔防治方法〕

1）农业防治。秋季剪除产卵枯梢，冬季结合修剪再彻底剪除产卵枝条，集中烧毁。老熟若虫出土期，在树干下部绑 1 条 10cm 宽的塑料薄膜带，上端向下翻折，拦截出土上树羽化的若虫，傍晚或清晨进行捕捉消灭。成虫发生期，于晚间在树行间点火，摇动树干，诱集成虫扑火自焚。

2）化学防治。5~7 月若虫集中孵化时，在树下撒施 1.5% 辛硫磷颗粒剂每亩 7kg，或在地面喷施 50% 辛硫磷乳剂 800 倍液，然后浅锄，可有效防治初孵若虫。

附　录

休眠期（12~2 月）

结合冬季修剪，彻底剪除树上的病虫枝梢，摘除僵果以及破除害虫的越冬虫茧。用封剪油或涂抹剂及时处理剪锯口，防止病菌侵染伤口。远离桃园堆放树枝。刷除枝干上的老翘皮和蚧壳虫，及时涂抹白涂剂或石硫合剂；扫净果园内的落叶、落果、杂草、小树枝等，集中深埋或填入沼气池。以上措施可有效消灭多种越冬病虫，减轻第二年病虫来源基数。

2 月下旬，对于发生草履蚧的园片，需要在树干上涂抹粘虫胶粘杀草履蚧若虫，阻碍其上树为害。

芽萌动期（3 月）

树上喷洒机油乳剂 50 倍液 +3% 啶虫脒乳油 1000~1500 倍液 + 福美锌 500~600 倍液，消灭枝干上的白粉病、缩叶病越冬菌，以及蚜虫越冬卵、蚧壳虫越冬虫体等。

花期（4 月）

田间悬挂桃潜叶蛾、苹小卷叶蛾、梨小食心虫、桃蛀螟性诱剂和诱捕器，诱杀它们的雄成虫，以后每月更换 1 次诱芯，用于测报它们的成虫盛发期，便于指导喷药时间。

果实发育期（谢花后至成熟前）

谢花后 1 周左右，树上喷洒氟啶虫胺腈 + 高效氯氰菊酯 + 中生菌素，防治蚜虫、叶蝉、斑衣蜡蝉、蝽象、梨小食心虫、卷叶蛾、潜叶蛾、蚧壳虫及细菌性穿孔病等。

释放蚜茧蜂、草蛉、瓢虫等控制蚜虫。注意释放天敌后，禁止喷洒杀虫剂。

谢花后 3 周左右（套袋前），树上喷洒三唑锡 + 甲基托布津 +

三唑酮，防治各种害螨、穿孔病、白粉病、锈病等。用辛硫磷50倍液灌注天牛新蛀孔。

此时，可释放捕食螨、塔六点蓟马等天敌控制害螨。释放后禁止喷洒杀螨剂。

套袋前，喷洒螺虫乙酯＋多菌灵＋氨基酸钙400倍混合液防治蚧壳虫、蚜虫、叶蝉、炭疽病、疮痂病等。喷药时要全树均匀着药，果实、树干、树枝也要喷严，以防治蚧壳虫和流胶。药液干后立即套果袋。

果实迅速膨大期，树上喷洒氯虫苯甲酰胺＋戊唑醇＋壳聚糖混合液，防治梨小食心虫、桃蛀螟、卷叶蛾、潜叶蛾及真菌性穿孔病、锈病、白粉病、缺素症等。地面喷洒昆虫病原线虫悬浮液，防治土壤内的蛴螬。

果实成熟期（6月以后）

桃果成熟前，视采收期和病虫发生情况喷洒杀虫杀菌混合剂，对于营养不良的果树还要喷洒合适的叶面肥，树下追施桃树专用肥料等。

夏季干旱高温，山楂叶螨和二斑叶螨容易猖獗为害，可喷洒阿维菌素，或三唑锡、哒螨灵、炔螨特等。

树干上绑扎宽胶带，用于捕捉黑蚱蝉若虫和桃红颈天牛。

此期，对于不套果袋的桃树，应重点防治桃蛀螟、梨小食心虫、毛虫类及褐腐病、炭疽病、疮痂病、穿孔病。结合田间虫情测报，在桃蛀螟、梨小食心虫成虫盛发期，树上及时喷洒溴氰菊酯＋氯虫苯甲酰胺＋嘧菌酯混合液。

果实采收后

桃果采收后，立即选果出售。如果不能迅速出售，可放入低温气调库，抑制果实褐腐病和软腐病的发生。

对于早熟桃，采收后的7～9月要关注舟形毛虫、黄刺蛾、美国白蛾及穿孔病的发生情况，一旦发现幼虫为害，迅速采取防治措施。虫量少时人工扑杀，虫量多时立即喷洒功夫菊酯＋甲基硫菌灵进行防治，同时防叶部和枝干病害。

秋季施用农家肥，同时添加适量锌肥、铁肥和钙肥，全面补充树体营养，预防缺素和增强树体抗病性。行间翻土，破坏在土壤中越冬害虫的场所，使一些虫体暴露土表，经风吹日晒和雪冻死亡。

附录 B　常见计量单位名称与符号对照表

量 的 名 称	单 位 名 称	单 位 符 号
长度	千米	km
	米	m
	厘米	cm
	毫米	mm
面积	公顷	ha
	平方千米（平方公里）	km^2
	平方米	m^2
体积	立方米	m^3
	升	L
	毫升	mL
质量	吨	t
	千克（公斤）	kg
	克	g
	毫克	mg
物质的量	摩尔	mol
时间	小时	h
	分	min
	秒	s
温度	摄氏度	℃
平面角	度	(°)
能量，热量	兆焦	MJ
	千焦	kJ
	焦［耳］	J
功率	瓦［特］	W
	千瓦［特］	kW
电压	伏［特］	V
压力，压强	帕［斯卡］	Pa
电流	安［培］	A

参 考 文 献

［1］陈汉杰，周增强．桃病虫防治原色图谱［M］．郑州：河南科学技术出版社，2012．

［2］李萍，孙瑞红．中国植保手册 桃树病虫防治分册［M］．北京：中国农业出版社，2010．

［3］李知行，杨有乾．桃树病虫害防治［M］．北京：金盾出版社，2009．

［4］孙瑞红．果园农药安全使用大全［M］．北京：中国农业出版社，2013．

［5］王国平，窦连登．果树病虫害诊断与防治原色图谱［M］．北京：金盾出版社，2002．

［6］常秀凤，常征，张瑞平，等．桃树主要病害及综合防治技术［J］．中国园艺文摘，2009（8）：141-142．

［7］陈修会，冷鹏，崔夫余，等．好力克 SC、安泰生 WP 防治桃褐腐病田间药效试验［J］．山西果树，2008（1）：12-13．

［8］杜竹静．桃树常见病害发生规律及综合防治措施［J］．现代农业科技，2013（7）：179，182．

［9］宫庆涛，范昆．果园新农药介绍（一）［J］．落叶果树，2016，48（1）：56．

［10］宫庆涛，范昆．果园新农药介绍（三）［J］．落叶果树，2016，48（3）：52．

［11］宫庆涛，李素红，张坤鹏，等．梨小食心虫的产卵选择性［J］．应用生态学报，2014，25（9）：2665-2670．

［12］何献声．19 种杀菌剂对桃褐腐病离体抑菌活性［J］．农药，2011，50（11）：853-854．

［13］李节法，王世平，张才喜．桃树流胶病的发生和防治新技术研究进展［J］．中国南方果树，2012，41（6）：36-40．

［14］李庚飞，李瑶，黄琦，等．不同桃品种对疮痂病的抗病性及疮痂病的

药剂防治研究［J］. 中国农学通报，2006，22（1）：229-231.

［15］李红松，黄婕. 南方桃树主要病虫害发生与综合防治［J］. 广西植保，2007，20（4）：26-29.

［16］李军，张红嫄. 桃树病虫害的发生现状与防治方法［J］. 现代园艺，2011（11）：49.

［17］李子宁，刘伟，孙培. 浅述桃树的常见病虫害及其防治方法［J］. 林业实用技术，2013（7）：42-43.

［18］林尤剑，胡翠凤，高日霞. 福建省的桃树病害与防治对策［J］. 中国果树，1996（1）：43，46.

［19］罗远义，余远群. 桃树缩叶病与黄叶病的鉴别与防治［J］. 农技服务，2007，24（12）：42，90.

［20］马香利，赵志亮. 桃树主要病虫害防治［J］. 河北林业科技，2006（3）：52-53.

［21］田如海，周亚辉，顾志新，等. 不同杀菌剂对桃褐腐病的田间防效［J］. 中国植保导刊，2014，34（9）：55-57.

［22］涂勇. 果树主要根部病害及其防治方法研究进展［J］. 江苏农业科学，2012，40（10）：132-134.

［23］沈三英. 昆山市桃树主要害虫发生规律及防治技术初探［J］. 上海农业科技，2012（4）：130-131.

［24］王来亮，丁新天. 浙南地区桃树病害发生特点及无害化防治技术［J］. 安徽农学通报，2007，13（11）：153-154.

［25］孙瑞红，王贵芳，李爱华，等. 螺螨酯对山楂叶螨的生物活性和防治效果［J］. 昆虫知识，2010，47（5）：968-973.

［26］孙瑞红，王忠群，袁会珠，等. 多种杀螨剂对山楂叶螨和二斑叶螨的杀卵效果比较［J］. 落叶果树，2008（6）：41-42.

［27］武海斌，李素红，张坤鹏，等. 山东省果园食心虫无公害防治技术［J］. 落叶果树，2016，48（1）：36-39.

［28］武海斌，刘海峰，宫庆涛，等. 昆虫病原线虫防治地下害虫的应用及影响因子［J］. 落叶果树，2015，47（5）：24-27.

［29］余杰颖，张斌，余江平，等. 贵阳地区桃树常见病虫害种类及优势种调查［J］. 中国南方果树，2015，44（6）：98-101.

[30] 岳兰菊，张道环，王学良，等. 安徽砀山桃树主要病虫害发生动态及防治策略 [J]. 中国果树，2011，(6)：65-67.

[31] 张坤鹏，宫庆涛，武海斌，等. 新型杀螨剂对山楂叶螨的防治效果 [J]. 农药，2016，55 (1)：67-69.

[32] 张勇，李晓军，曲健禄，等. 山东桃树流胶病病原菌研究 [J]. 果树学报，2010，27 (6)：965-968.

[33] 张勇，李晓军，曲健禄，等. 我国桃树新病害——叶枯病的病原菌鉴定及生物学特性研究 [J]. 园艺学报，2010，37 (11)：1745-1750.

[34] 郑晓东，舒晓玲，陈保军. 周口市桃树主要害虫的发生特点及防治技术 [J]. 现代农业科技，2013 (14)：137-138，141.

[35] 周丽娜. 桃树病虫害无公害综合防控技术及示范推广应用效果 [J]. 现代农业科技，2012 (21)：173，177.